创新方法案例教学与应用

主 编 冯 宁
副主编 李 昂 闫雪艳

东北师范大学出版社
长 春

图书在版编目（CIP）数据

创新方法案例教学与应用 / 冯宁主编. — 长春：东北师范大学出版社，2023.11
 ISBN 978-7-5771-0782-0

Ⅰ.①创… Ⅱ.①冯… Ⅲ.①创造学－教案（教育）－高等职业教育　Ⅳ.①G305

中国国家版本馆CIP数据核字（2023）第230610号

□责任编辑：钟华泰　　□封面设计：创智时代
□责任校对：任桂菊　　□责任印制：许　冰

东北师范大学出版社出版发行
长春净月经济开发区金宝街118号（邮政编码：130117）
电话：010－82893125
传真：010－82896571
网址：http：//www.nenup.com
东北师范大学音像出版社制版
长春惠天印刷有限责任公司印装
长春市绿园区城西镇红民村桑家窝堡屯（邮政编码：130062）
2023年11月第1版　2023年11月第1版第1次印刷
幅面尺寸：185 mm×260 mm　印张：12.5　字数：280千

定价：36.00元

前　言

二十大报告中，绿色发展战略升级，同时首次提出积极稳妥推进碳达峰碳中和目标。绿色发展所要求的产业结构、能源结构、交通运输结构等调整优化，节能降碳先进技术加快研发和推广应用；双碳目标中要控制的化石能源消耗、交通的清洁低碳转型，都需要新能源汽车及其连带产业来实现。在新时代，新能源汽车作为战略性新兴产业的地位相当稳固，依旧会在国家重点发展的行业之列。同时，新能源汽车产业也会是绿色发展和双碳目标达成的重要抓手。

创新对于一个国家和民族而言有着重要的作用，它是国家发展和民族振兴的前提保证。社会的发展需要创新型人才，尤其是在科学技术日新月异的今天，创新更是被放在了更高的位置。党和国家一再强调要建设创新型人才队伍，而培养创新型人才的基本途径是教育。创新绝不是无根之木、无源之水，没有方法的创新是盲目的，是低效的。创新创业，方法先行，经过对世界各国创新经验的总结，科学家们提出了适用于各类学科方向的创新方法。

本书以汽车相关专业为切入点，主要面向工科类的学生介绍常见的创新方法，内容涵盖 TRIZ 创新方法、设计思考方法、六顶思考帽方法等常见的创新方法。本书可以帮助读者初步了解并掌握常见创新方法的运用过程，了解基本的创新思路与方法。

本书分为四个模块：模块一主要介绍创新方法的意义和概念、创新方法的发展历程以及国际化视角下创新工作的挑战和机遇，使读者可以在不同的视角下全面了解创新工作；模块二主要介绍设计思考方法的起源、发展以及具体的使用方法，使读者可以初步了解设计思考方法的创新过程；模块三主要介绍 TRIZ 创新方法的起源、思路、方法等内容，使读者可以学习如何在工程类问题中应用 TRIZ 创新方法；模块四主要介绍六顶思考帽方法的发展、变种、应用等内容，使读者可以了解如何在管理类问题中应用六顶思考帽方法。

本书的编写人员如下：闫雪艳编写模块一、二，李昂编写模块三，冯宁编写模块四。

在本书的编写过程中，我们得到了隋礼辉、王陆峰、李文达（内蒙古交通职业技术学院）等老师的帮助和支持，在此一并表示感谢。

编　者

目录

模块一　初识创新方法

单元一　创新方法概述 ……………………………………………………………… 003
 1.1　创新的定义及意义 …………………………………………………………… 003
 1.2　创新与竞争力 ………………………………………………………………… 008
 1.3　创新方法的发展历程 ………………………………………………………… 011

单元二　创新过程与创新方法 ……………………………………………………… 015
 2.1　创新的过程 …………………………………………………………………… 015
 2.2　创新方法的主要类型 ………………………………………………………… 022

单元三　创新与国际化战略 ………………………………………………………… 028
 3.1　国际化与创新的关系 ………………………………………………………… 028
 3.2　国际化创新的挑战与机遇 …………………………………………………… 031

模块二　设计思考方法及其应用

单元一　设计思考方法的概述 ……………………………………………………… 037
 1.1　设计思考方法的起源和发展 ………………………………………………… 037
 1.2　设计思考方法的基本原则和价值 …………………………………………… 040
 1.3　设计思考方法的流程 ………………………………………………………… 046

单元二　设计思考方法的工具和技术 ……………………………………………… 052
 2.1　设计思考工具和方法 ………………………………………………………… 052
 2.2　用户研究和用户画像 ………………………………………………………… 059
 2.3　创意生成和头脑风暴 ………………………………………………………… 062

单元三　设计思考方法的评价和展望 ……………………………………………… 069
 3.1　优点和局限性分析 …………………………………………………………… 069
 3.2　设计思考方法的未来发展趋势 ……………………………………………… 076

模块三　TRIZ 创新方法及其应用

单元一　TRIZ 简介 083
1.1　TRIZ 起源 083
1.2　TRIZ 的基本思想 087

单元二　TRIZ 基本概念及知识 096
2.1　TRIZ 的基本术语 096
2.2　TRIZ 的基本理论 105

单元三　TRIZ 创新方法的实践应用 115
3.1　物质场分析法 115
3.2　演化树分析法 120
3.3　理想最终结果法 123

v 单元四　TRIZ 创新方法的实际应用 126
4.1　TRIZ 在电子行业的应用 126
4.2　TRIZ 在机械行业的应用 129

模块四　六顶思考帽方法及其应用

单元一　六顶思考帽方法概述 133
1.1　六顶思考帽的起源和发展 133
1.2　六顶思考帽方法的变种 137

单元二　六顶思考帽方法在创新中的应用 145
2.1　白色思考帽（客观分析） 145
2.2　红色思考帽（情感驱动） 152
2.3　黄色思考帽（积极乐观） 158
2.4　黑色思考帽（批判性思考） 164
2.5　绿色思考帽（创造性思维） 169
2.6　蓝色思考帽（逻辑推理） 175

单元三　六顶思考帽方法面对的未来趋势与挑战 182
3.1　如何应对未来的挑战 182
3.2　如何持续发展和改进六顶思考帽方法 187

参考文献 193

模块一 初识创新方法

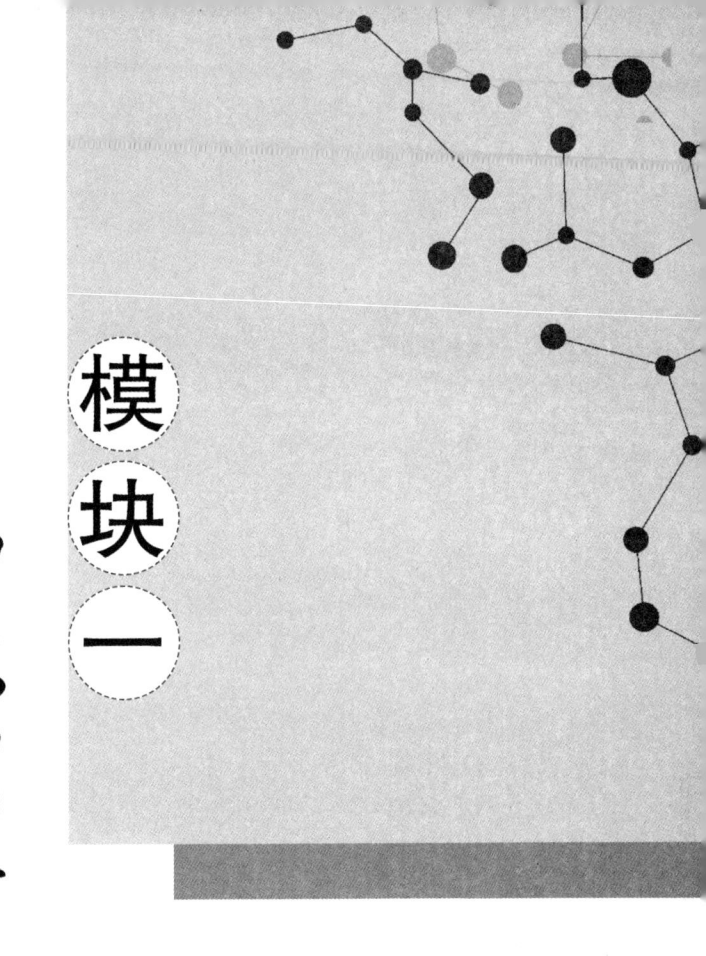

模块一　初识创新方法

单元一　创新方法概述

学习目标

1. 了解创新的定义和意义，明确创新对企业和个人竞争力的重要影响。
2. 了解创新方法的发展历程，掌握手工制造时代、工业革命时代和信息时代的创新方法及其特点。
3. 理解创新方法对创新活动的作用，掌握不同创新方法在提高创新效率、开拓创新思路、提高创新质量和推动创新进步等方面的应用。

1.1　创新的定义及意义

一、创新的定义

创新是指通过创造新的思想、方法、产品或服务等方式，以满足市场需求并获得商业价值的行为。创新可以是技术创新、商业模式创新、产品创新、服务创新等不同形式，它们都具有以下几个特点。

（一）新颖性

创新的产品、服务或思想必须具备新颖性，即与现有的产品、服务或思想有所不同，能够吸引消费者的注意力和兴趣。例如：(1) 华为公司的 5G 技术：华为公司在 5G 技术方面取得了很大的进展，其 5G 技术不仅在速度和稳定性上有很大的提升，还具备低延迟、高可靠性等特点。这种新颖的技术吸引了全球消费者的注意力和兴趣，成为 5G 技术的领导者之一。(2) 小米公司的智能家居产品：小米公司通过推出智能音箱、智能电视、智能门锁等智能家居产品，实现了对传统家居产品的颠覆。这些产品具备智能化、便捷化等特点，吸引了越来越多的消费者。(3) 阿里巴巴集团的电商平台：阿里巴巴集团通过推出淘宝、天猫等电商平台，实现了对传统零售业的颠覆。这些平台具备便捷、高效、经济等特点，吸引了越来越多的消费者。

图1-1　第五代移动通信技术（5G）

（二）实用性

创新的产品、服务或思想必须具备实用性，即能够解决消费者的实际问题，提高生活质量和工作效率。例如：（1）支付宝的移动支付服务：支付宝通过移动支付功能，为消费者提供了便捷、安全的支付方式。这种产品解决了消费者在支付方面的问题，提高了生活质量和工作效率。（2）京东商城的电商平台：京东商城通过在线购物、配送等功能，为消费者提供了便捷、高效的购物方式。

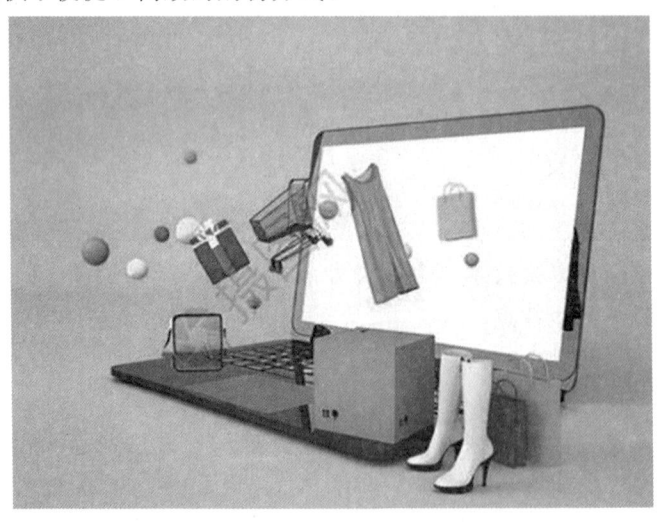

图1-2　电商平台

创新的实用性在专业领域也有所体现。例如：（1）三一重工通过研发混凝土泵车，解决了建筑施工中混凝土输送的难题，提高了施工效率和质量。这种产品能够解决建筑工程中的实际问题，提高了生活质量和工作效率。（2）中联重科通过研发起重机械，为建筑施工、港口物流等领域提供了高效、安全的设备。这种产品能够提高生产效率和生产质量，降低成本，解决了实际问题。(3)徐工集团通过研发挖掘机，为矿山、建筑等领域提供了高效、可靠的设备。这种产品能够提高生产效率和质量，降低了人力成本，解决了实际问题。

图1-3　中联重科起重机

(三)可持续性

创新的产品、服务或思想必须具备可持续性，即能够在较长一段时期内保持竞争力和商业价值，不会因为市场变化或其他因素而失去优势。例如：(1)新能源汽车是一种环保、节能的交通工具，能够减少对传统燃油车的依赖，降低能源消耗和环境污染。这种产品具有长期的商业价值和竞争力，能够保持市场地位并吸引消费者。(2)太阳能光伏发电是一种可再生能源，能够减少对传统化石燃料的依赖，降低碳排放和环境污染。这种产品具有长期的商业价值和竞争力，能够保持市场地位并吸引投资者。

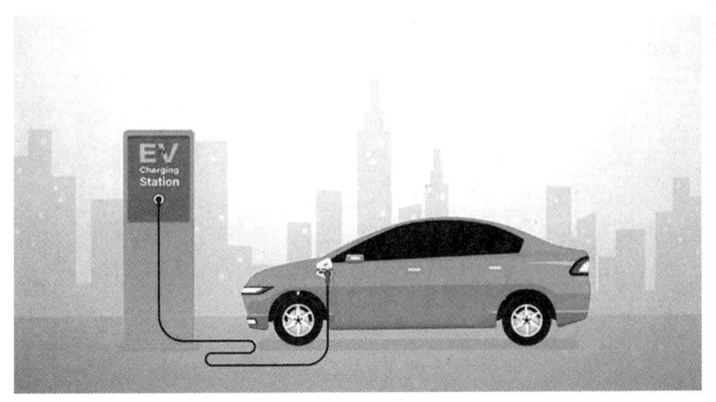

图1-4　新能源汽车

(四)经济效益

创新的产品、服务或思想必须具备经济效益，即能够带来商业利润和社会效益，符合企业和社会的利益最大化原则。

创新可以提高生产效率，并且能够降低成本。通过引入新技术和流程来改进生产方式，可以提高生产效率，降低成本，从而提高企业的盈利能力。在汽车工厂中引入机器人生产线，可以显著地提高生产效率和产品质量，同时大幅度地降低人力成本。机器人生产线具备高可靠性和高精度的特点，可以保证生产过程的稳定性和一致性，从而提高产品质量。同时，机器人可以 24 小时不间断地生产，避免了人工生产的疲劳感和出错率，大幅度地提高生产效率。此外，机器人生产线还可以减少员工的工作强度和劳动强度，提高员工工作环境的安全性和舒适度。综上所述，引入机器人生产线是汽车工厂提高生产效率和质量，降低人力成本的重要手段。

创新可以增加就业机会，并且能够创造新产业。创新是推动经济发展和社会进步的重要动力之一，它可以带动新的产业和就业机会的出现，从而促进经济的发展，增加国民收入。一方面，创新可以激发企业的创造力和竞争力，推动新产品、新技术、新服务的出现，从而创造新的市场需求和商业机会。这些新兴产业和企业需要人才、资金和资源的支持，从而增加了就业机会，为社会创造更多的财富和价值。另一方面，创新也可以为传统产业带来新的发展机遇，通过应用新技术和流程改进，提高生产效率和产品质量，从而增加企业的盈利能力和市场竞争力。这些企业也需要人才、资金和资源的支持，也可以增加就业机会，为社会创造更多的财富和价值。总之，创新的重要性在于它可以带动新的产业和就业机会的出现，从而促进经济的发展，增加国民收入，为社会创造更多的财富和价值。人工智能产业是创新发展十分重要的行业之一，人工智能产业是指通过人工智能技术实现各种应用的产业，它的应用范围越来越广泛，从智能家居、智能医疗到自动驾驶汽车等领域都离不开人工智能的支持。人工智能产业不仅提高了现有行业的效率和质量，还为社会带来了很多新的就业机会。此外，人工智能产业还带动了一系列相关产业的发展，如芯片制造、机器人制造、云计算等，这些产业也提供了很多就业机会。

图 1-5 机器手臂正在通过设定程序进行工作

总之，创新是一种重要的商业行为，它不仅可以推动经济发展，还可以提高生活质量和工作效率。对于企业来说，创新是保持竞争力和获得商业成功的关键之一；对于社会来说，创新是推动社会进步和发展的重要力量。因此，我们应该积极鼓励和支持创新行为，为创新提供更好的环境和条件。

二、创新的意义

创新是推动社会进步和经济发展的重要力量，也是企业获得竞争优势的关键。创新的意义体现在以下几个方面。

（一）推动经济发展

创新可以带来新产品、新服务、新技术和新产业，从而推动经济发展。这些创新可以改变人们的生活方式，提高生产效率，创造就业机会，增加企业的竞争力，促进经济的增长和发展。例如：互联网技术的创新带来了电子商务、在线支付、社交媒体等新兴产业，改变了人们的消费习惯和商业模式；生物技术的创新带来了基因编辑、人工肉、生物医药等领域的新突破，为人类健康和生命质量提供了更多的可能性；新能源技术的创新带来了太阳能、风能、水能等清洁能源的应用，减少了对化石燃料的依赖，降低了环境污染和气候变化的风险。因此，创新是推动经济发展的重要力量，也是实现可持续发展的关键因素。

（二）提高生产效率

创新可以带来更高效的生产方式和更先进的生产工具，从而提高生产效率，让企业在激烈的市场竞争中保持竞争力。例如，在制造业领域，工业机器人的应用已经成为提高生产效率的重要手段。相比于传统的人工生产方式，工业机器人可以替代人工完成一些重复性、危险性和高精度的工作，如组装、焊接、喷涂等，从而提高生产效率和产品质量。同时，工业机器人还可以 24 小时不间断生产，避免了人力生产的疲劳感和出错率，大幅提高了生产效率和生产效益。除了工业机器人，还有许多其他的生产工具和技术被应用于生产过程中，如智能物流系统、3D 打印等，都可以提高生产效率和产品质量，改善生产环境和员工工作条件。由此可见，创新在制造业领域的应用不仅可以提高生产效率和产品质量，还可以降低成本，提高企业的盈利能力和市场竞争力。

（三）满足消费需求

创新可以带来更好的产品和服务，从而满足消费者的需求，提高企业的竞争力和市场份额。随着科技的不断进步和互联网的普及，人们的消费习惯和需求也在不断变化，企业需要不断创新来满足消费者的需求。例如，在零售业领域，互联网的发展带来了更方便、更快捷、更多样化的购物体验，如在线购物、移动支付、社交电商等，满足了人们购物的各种需求。这些新型的购物体验不仅提高了消费者的满意度和忠诚度，还为企业带来了更多的商业机会和收益。另外，创新意识也可以促使企业提供更加个性化和定制化的产品和服务，通过了解消费者的需求和偏好，提供更加贴合消费者需求的产品和服务，从而提高产品的附加值和品牌忠诚度。创新在满足消费者需求方面发挥着重要作用，它可以带来更好的产品和服务，提高消费者的满意度和忠诚度，增加企业的市场份额和收益。

(四) 提高企业竞争力

创新可以帮助企业开发新产品、开拓新市场，从而获得竞争优势，提高企业的市场份额和盈利能力。例如，在互联网行业中，谷歌公司通过不断推出新的搜索引擎算法和新的广告形式，吸引了很多用户和广告商，从而提高了其在搜索引擎和在线广告市场的竞争力。谷歌不断创新，推出多种新的服务和功能，如谷歌地图、谷歌云端硬盘、谷歌办公套件等，不仅提高了用户的满意度和忠诚度，还为企业带来了更多的商业机会和收益。此外，创新还可以帮助企业开拓新市场，通过不同的产品、服务和营销策略，进入新的市场领域，如新兴市场、新型消费领域等，从而扩大企业的市场份额和业务范围。同时，创新可以帮助企业提高产品附加值和品牌忠诚度，通过不断创新和优化产品和服务，满足消费者需求，提高产品质量和品牌形象，从而为企业带来更多的商业机会和收益。综上所述，创新在开发新产品、开拓新市场方面发挥着重要作用，它可以帮助企业提高竞争力和市场份额，为企业带来更多的商业机会和收益。

> **思考题**
>
> 1. 创新对于企业或个人的竞争力有何重要影响？请你举例说明。
> 2. 在当前的信息时代，信息技术的快速发展对创新产生了哪些影响？它们如何改变着我们的生产和生活方式？
> 3. 在实际生活中，你能否举出一些具有创新特点的产品、服务或思想？请分析这些创新的特点和它们对社会、经济的影响。

1.2 创新与竞争力

一、创新对企业竞争力的影响

创新对企业竞争力有重要影响，体现在它可以帮助企业提高产品质量和品牌形象、开发新产品和服务、开拓新市场、降低成本、提高生产效率和员工满意度等方面。具体来说，创新对企业竞争力的影响有以下几个方面。

（一）提高企业的核心竞争力

创新可以带来新产品、新技术和新服务，从而提高企业的核心竞争力。这些创新产品和服务能够满足消费者的需求，提高企业的市场占有率和盈利能力，进而增强企业的竞争力。

（二）降低企业的生产成本

通过引入新的生产工艺和技术，企业可以降低生产成本，提高生产效率。这有助于企业在竞争激烈的市场中获得更大的利润空间，增强企业的竞争力。

（三）提高企业的创新能力

创新需要企业具备一定的创新能力，包括研发能力、设计能力、市场营销能力等。通过不断进行创新，企业可以不断提高自身的创新能力，从而更好地适应市场变化和竞争环境。

（四）增强企业的品牌价值

创新可以带来独特的产品和服务，从而增强企业的品牌价值。一个具有创新能力的企业更容易获得消费者的认可和信任，进而提高品牌的知名度和美誉度，增强企业的竞争力。

（五）推动企业的转型升级

创新可以帮助企业实现转型升级，从传统产业向高附加值、高科技产业转型。这有助于企业开拓新的市场空间，提高企业的竞争力和盈利能力。

总之，创新对企业竞争力的影响非常重要，它可以提高企业的核心竞争力，降低生产成本，提高创新能力，增强品牌价值，推动企业的转型升级。企业应该积极进行创新，不断提升自身的竞争力，以应对市场竞争的挑战。

二、创新对个人竞争力的影响

创新对个人竞争力同样有着重要影响，在现代社会中，创新已经成为个人竞争力提升的重要手段，是个人工作能力的重要体现之一。具体来说，创新对个人竞争力的影响有以下几个方面。

图 1-6 创新对个人竞争力有重要影响

(一) 增强个人的创新能力

创新需要个人具备一定的创新能力，包括思维能力、创意能力、解决问题的能力等。通过不断进行创新实践，个人可以不断提高自身的创新能力，从而更好地适应社会和职业发展的变化。

(二) 提高个人的市场竞争力

创新可以带来独特的产品和服务，从而提高个人的市场竞争力。一个具有创新能力的个人更容易获得雇主和客户的认可和信任，进而提高个人的职业发展和收入水平。

(三) 推动个人的职业发展

创新可以帮助个人实现职业发展的目标，从而推动个人的职业生涯。一个具有创新能力的个人更容易获得晋升和提升的机会，进而实现个人的职业规划和发展目标。

(四) 增强个人的社会责任感

创新可以帮助个人更好地了解社会和环境问题，从而增强个人的社会责任感。一个具有创新能力的个人更容易关注社会问题，提出解决方案，为社会发展做出贡献。

(五) 提高个人的生活品质

创新可以带来更好的生活品质，从而提高个人的生活幸福感。一个具有创新能力的个人可以创造出更便捷、更舒适、更健康的生活环境，从而提高个人的生活品质。

创新对个人竞争力具有非常重要的影响，它可以增强个人的创新能力，提高个人的市场竞争力，推动个人的职业发展，增强个人的社会责任感，提高个人的生活品质。因此，作为当代大学生，我们应该积极进行创新实践，不断提升自身的创新能力和竞争力，以应对社会和职业发展的变化。

思考题

1. 个人应该如何通过创新来提升自身的竞争力呢？请你举例说明创新在个人职业发展中的作用。

2. 在当前快速发展的信息时代，个人应该如何利用创新方法和信息技术来提高自身的竞争力？你认为哪些创新方法对个人竞争力的提升最为重要？

3. 创新不仅可以提高企业的竞争力，还可以推动个人的职业发展。你认为个人应该如何培养和发展自身的创新能力呢？请提出几点建议。

1.3 创新方法的发展历程

一、创新与创新方法的关系

创新方法是创新的具体实践方式和方法论，是创新活动中必不可少的部分。创新方法的运用，可以帮助企业或个人更高效、更科学地进行创新活动，提高创新成功率和效果。而且，创新方法的不断改进也是创新活动本身的重要组成部分。因此，创新方法与创新之间存在着密切的联系。具体来说，创新方法对创新的影响主要有以下几个方面。

（一）提高创新效率和成功率

创新方法可以帮助企业或个人更加高效地进行创新活动，从而提高创新效率和成功率。例如，TRIZ创新方法可以帮助企业或个人快速找到创新方向和解决方案，从而缩短创新周期和降低创新成本。

（二）开拓创新思路和视野

创新方法可以帮助企业或个人开拓创新思路和视野，从而更好地发现机遇和挑战。例如，创新工场等创新方法可以帮助企业或个人与外界交流和合作，获取新的创新思路和灵感。

（三）提高创新质量和影响力

创新方法可以帮助企业或个人提高创新质量和影响力，从而更好地满足市场需求和增强竞争力。例如，设计思维等创新方法可以帮助企业或个人更好地理解用户需求和市场趋势，从而设计出更加符合市场需求的产品和服务。

（四）推动创新不断进步

创新方法的不断改进也是创新活动本身的重要组成部分。通过不断总结和改进创新方法，可以推动创新不断进步，提高创新效率和效果。

综上所述，创新方法是创新活动中不可或缺的重要组成部分，创新方法的运用可以帮助企业或个人更加高效、科学地进行创新活动，提高创新效率和成功率，开拓创新思路和视野，提高创新质量和影响力。创新方法的不断改进也可以推动创新不断进步，不断提高创新效率和效果。因此，企业或个人在进行创新活动时，需要密切关注和运用各种创新方法，不断总结和改进创新方法，从而更好地实现创新目标和提高竞争力。

二、创新方法的发展历程

创新方法的发展历程可以分为以下几个阶段。

（一）手工制造时代（公元前 3000 年—公元 1500 年）

在这个时期，人们主要通过手工制造来满足生产和生活的需求。这个时期的创新方法主要是手工艺技术及军事应用，如纺织、陶瓷、金属加工等。

图 1-7　鲁班发明飞行器

手工艺技术是这个时期的创新方法的核心，人们通过纺织、陶瓷、金属加工等手工艺技术来制造各种物品。例如，纺织技术被用来制作布料和纺织品，陶瓷技术被用来制作陶器和瓷器，金属加工技术被用来制造工具、武器和装饰品等。

在手工制造时代，每个工艺都需要熟练的手工艺人来完成。他们通过手工操作和经验来制造产品，需要花费大量的时间和精力。由于制造过程相对较慢和烦琐，产品的数量和质量都受到限制。

尽管手工制造时代的生产方式相对简单，但人们通过不断的实践和创新，逐渐提高了手工艺技术的水平。他们发明了新的制造方法、改进工具和工艺，从而提高了生产效率和产品质量。

手工制造时代的结束标志着工业革命的开始。随着机械化和工业化的兴起，人们逐渐放弃了传统的手工制造方式，转向了更高效和先进的生产方法。然而，手工制造时代留下的技术和艺术传统依然对后世产生了深远的影响。

（二）工业革命时代（18 世纪末—19 世纪中叶）

在这个时期，蒸汽机、纺织机等机械化设备的出现，使得生产效率大幅提高。同时，新的化学工艺和材料科学的发展为制造业带来了新的机遇。这个时期的创新方法主要是机械化生产和新材料的研发。

这个时期的最重要特征之一是机械化生产的兴起。蒸汽机、纺织机等机械化设备的发明和应用，使得生产效率大幅提高。机械化生产取代了传统的手工制造方式，使得生产过程更加自动化、高效和精确。机械化生产的引入不仅大大提高了产品的数量，而且

模块一　初识创新方法

降低了生产成本，推动了工业的快速发展。

图1-8　工业革命时期的蒸汽机

化学工艺和材料科学的发展也为制造业带来了新的机遇。新的化学工艺使得一些传统的制造过程更为高效和可控，如化学染色和脱色技术的应用使得纺织品的生产更加丰富多样。材料科学的进步带来了新材料的研发和应用，如钢铁的广泛应用使得建筑和交通运输领域得以快速发展。

工业革命时代的创新方法主要集中在机械化生产和新材料的研发。人们通过不断实践和创新，改进和发展了各种机械设备，提高了生产效率和产品质量。另外，对材料的研究也为制造业提供了更多的选择和可能性。

工业革命时代的到来标志着现代工业文明的兴起，它改变了人们的生产和生活方式，推动了城市化和全球化的进程。工业革命时代的影子至今仍然存在，对我们的生活和经济产生着持续的影响。

（三）信息时代（20世纪末至今）

随着计算机、互联网、移动通信等信息技术的快速发展，人们的生产和生活方式发生了巨大的变化。这个时期的创新方法主要是信息技术的应用和数字化转型。例如，云计算、大数据、人工智能等技术的广泛应用，为各行各业带来了新的商业模式和产品服务。

在20世纪末至今的信息时代，我们目睹了计算机、互联网、移动通信等信息技术的飞速发展，这些技术的应用彻底改变了我们的生产和生活方式。

信息时代的创新方法对各行各业都有巨大影响。首先，信息时代的创新方法主要集中在信息技术的应用和数字化转型上。计算机技术的快速发展使得数据的处理和存储

图1-9　信息时代——互联网

013

能力大幅提升，互联网的普及使得信息传递和交流更加便捷。云计算技术的兴起使得许多企业可以通过云端服务获得强大的计算能力和存储容量，大数据技术的应用使得海量的数据得以挖掘和分析，人工智能技术的发展使得机器能够模拟人类的智能和学习能力。其次，信息技术的广泛应用为各行各业带来了新的商业模式和产品服务。在商业领域，电子商务的兴起使得人们可以通过互联网进行购物和交易，传统的线下零售商业模式受到了巨大的冲击。在线支付、物流配送等服务的发展也改变了人们的购物方式。在娱乐领域，流媒体服务的兴起使得人们可以随时随地观看电影、电视剧等各种娱乐内容。在教育领域，互联网和移动通信的普及使得在线教育成为可能，人们可以通过网络学习各种知识和技能。在金融领域，移动支付和电子银行的兴起使得人们可以方便地进行各种金融交易。

信息时代的到来也改变了人们的生产方式。首先，信息技术的发展使得生产过程更加智能化和自动化。许多传统的生产工序被机器人替代，大大提高了生产效率和产品质量。例如，在制造业中，自动化生产线取代了传统的人工生产方式，大大提高了生产效率和产品一致性。其次，信息技术的应用使得生产过程更加灵活和高效。通过信息技术的支持，企业可以实现供应链管理的优化，减少库存和运输成本。同时，信息技术的应用也使得企业能够更好地与供应商和客户进行沟通和合作，提高了整个供应链的效率和响应速度。

计算机、互联网、移动通信等技术的发展虽然改变了我们的生产和生活方式，然而，我们也要面对信息安全和数字鸿沟等挑战。信息时代的发展依然在继续，我们期待未来信息技术的进一步创新和应用为我们的生产和生活带来更多的便利和机会。

创新方法的发展历程经历了手工制造时代、工业革命时代和信息时代三个阶段。每个阶段都有其独特的特点和创新方法，也受到社会、经济和技术等因素的影响。随着科技和社会的不断发展，未来的创新方法也将不断涌现和发展。

思考题

1. 你认为在当前这个信息时代，创新方法对于企业和个人的创新活动有何影响？请举例说明。

2. 从手工制造时代到工业革命时代，再到信息时代，创新方法的发展经历了哪些变化？它们各有何特点，对社会、经济分别有什么影响？

3. 在未来的创新活动中，你认为创新方法会如何发展和应用？它们将如何影响企业和个人的创新能力和竞争力？

模块一 初识创新方法

单元二　创新过程与创新方法

学习目标

1. 理解创新过程的不同阶段，包括问题识别和定义、创意产生和筛选、方案设计和开发、原型制作和测试、市场推广和营销、持续改进和优化等，以及每个阶段的重要性和相互关系。

2. 了解不同的创新方法，包括 TRIZ 创新方法、设计思考方法、六顶思考帽方法等，了解它们的基本原理、应用场景和方法步骤，以及如何灵活运用它们来推动创新活动。

3. 认识创新意识和创新文化对创新过程的重要性，了解创新意识和创新文化的概念和特点，以及它们对个人和组织创新能力和竞争力的影响，以便培养和发展个人的创新意识和创新文化。

2.1　创新的过程

一、创新过程的阶段

创新的过程是指从创新的动机到最终实现的整个过程，包括问题定义、创意产生、方案设计、实施和评估等多个环节。具体来说，创新的过程可以分为以下几个阶段。

（一）问题识别和定义

在这个阶段，需要明确要解决的问题或需求，并对其进行详细的描述和分析。这个阶段的目标是确保我们真正理解问题的本质，以便能够找到有效的解决方案。

例如，假设我们的问题是改善学校图书馆的借阅系统。在问题识别阶段，我们需要明确问题的具体方面。我们可以开始询问学生、教师和图书管理员，了解他们在使用借阅系统时遇到的困难和不便之处。通过收集反馈和观察，我们可能发现一些常见的问题，比如借还书的过程耗时、书籍的分类不清晰、系统的界面不友好等。

然后，在问题定义阶段，我们需要对这些问题进行详细的描述和分析。我们可以详细记录每个问题的具体表现、影响范围以及可能的原因。比如，我们可能发现借还书的过程耗时是因为借书流程复杂、系统反应速度慢，或者书籍的分类不清晰导致学生难以找到所需图书。

在问题识别和定义阶段，我们还可以利用其他方法来帮助我们更好地理解问题。可以进行数据分析，收集有关图书馆借阅情况的统计数据，以了解借书量、流通率等指标。我们还可以进行用户调研，通过问卷调查或访谈来获取用户的意见和建议。

通过问题识别和定义阶段的工作，我们能够更准确地理解问题的本质，并为后续的解决方案设计提供了基础。例如，在改善学校图书馆借阅系统的例子中，我们可能会得出一些解决方案的初步想法，比如简化借还书流程、改进系统界面、重新组织书籍分类等。

因此，在问题识别和定义阶段，明确问题或需求，并进行详细的描述和分析，是解决问题的第一步。只有准确地理解问题的本质，我们才能找到有效的解决方案，进行进一步的创新。

图 1-10 正确地描述问题是解决问题并进行创新的关键

（二）创意产生和筛选

在这个阶段，需要通过各种方式激发创意，如头脑风暴、思维导图、设计思维等。同时，需要对产生的创意进行筛选和评估，确定哪些是最有潜力的。

假设我们的目标是改进学校的午餐食谱。在创意产生阶段，我们可以运用多种方法来激发创意。例如，我们可以组织一个头脑风暴会议，邀请学生和教师一起提出改进午餐的想法。在会议中，大家可以自由发表意见，提出自己的想法和建议。这种开放式的讨论能够激发不同的创意，并促进思维的碰撞和交流。

图 1-11 头脑风暴

除了头脑风暴，我们还可以运用思维导图的方法来帮助创意产生。通过绘制思维导图，我们可以将相关的想法和概念进行可视化，从而促进创意的产生和发展。例如，我们可以以午餐食谱为中心，将各种食物、烹饪方式、营养需求等相关信息进行关联，从而产生新的创意和组合。

在创意产生后，我们需要进行筛选和评估，以确定哪些创意是最有潜力的。这个过程需要考虑多个因素，如创新性、可行性、资源需求等。例如，在改进午餐食谱的例子中，我们可以根据学生的健康需求、食材的可获得性、烹饪设备的限制等因素来评估创意的可行性。同时，我们也可以邀请专家或相关人士参与评估，从多个角度和专业领域来审视创意的价值和可行性。

在筛选和评估的过程中，我们可以采用不同的方法和工具。例如，可以利用评分表或评估矩阵来对创意进行量化评估，将不同因素进行权衡和比较。同时，我们也可以进行小规模的试验或模型制作，以验证创意的可行性和效果。

通过创意产生和筛选的阶段，我们能够收集到丰富的想法，并找到那些最具创新性和可行性的创意。这些创意将为后续的解决方案设计提供基础，并推动创新的发展。无论是在学校、企业还是个人生活中，激发创意并进行筛选评估都是重要的步骤，它们帮助我们发现新的可能性，解决问题，推动进步。

（三）方案设计和开发

在这个阶段，需要对选定的创意进行深入的设计和开发，制定具体的实施计划和时间表，确保我们能够有效地实现创意并解决问题。

首先，在方案设计阶段，我们需要将选定的创意转化为可行的解决方案。这包括对方案进行详细的规划和设计，确定所需的资源、步骤和目标。我们需要考虑各种因素，如可行性、可持续性、成本效益等。

举个例子，假设我们的创意是在学校内开设一个社交媒体平台，以促进学生之间的交流和合作。在方案设计阶段，我们需要制定具体的实施计划和目标。我们可以确定平台的功能和特点，如发帖、评论、群组等。我们还需要考虑平台的技术要求和安全性，确保学生的个人信息和隐私得到保护。

接下来是方案开发的阶段。在方案开发阶段，我们将根据设计的方案，进行具体的实施和开发工作。这包括编写代码、制作原型、测试和优化等。我们需要确保方案的有效性和可行性，同时进行必要的修正和改进。

继续以社交媒体平台为例，在方案开发阶段，我们可以开始编写平台的代码，并进行测试。我们可以邀请学生和教师参与测试，收集反馈和意见，以便进行必要的调整和改进。在开发的过程中，我们还需要确保平台的稳定性、安全性和用户友好性。

方案设计和开发阶段需要团队合作和专业技能。我们需要与相关人员合作，如设计师、开发人员、测试人员等，共同推动方案的实施和开发。同时，我们也需要灵活性和创新性的思维，以应对可能出现的挑战和问题。

通过方案设计和开发的阶段，我们能够将创意转化为具体的解决方案，并展开实施和开发工作。这个阶段是解决问题和实现创意的关键一步，它确保我们能够将想法付诸实践，解决实际问题。

作为当代大学生，可以在方案设计和开发的过程中发挥想象力和创造力，同时注重实际可行性和可持续性，将创意转化为具体的解决方案，并加以实施和开发。通过这个过程，不仅可以锻炼解决问题的能力，还能培养团队合作和创新思维的能力，为未来的学习和职业发展奠定基础。

（四）原型制作和测试

在这个阶段，需要制作出实际的产品原型或模型，并进行测试和评估，以验证其可行性和效果，这个阶段的目标是通过实际的试验和测试，检查设计的有效性和可靠性。

假设一个汽车制造公司计划开发一款新型电动汽车。在原型制作阶段，工程师们将根据设计规划和技术要求，制作出一辆实际的电动汽车原型。这个原型可能包括车身、发动机、电池系统、悬挂系统等组件。

接下来是测试和评估阶段。在测试过程中，工程师们会对电动汽车原型进行各种测试，以评估其性能和功能。例如，他们可能会进行加速测试，检查电动汽车的加速性能和动力输出。他们还可能进行制动测试，评估制动系统的效果和安全性能。此外，还会进行悬挂系统测试、电池续航测试等，以验证汽车在各种条件下的性能和稳定性。

通过原型制作和测试阶段，汽车制造公司可以发现原型中的问题和改进空间。如果在测试过程中发现了性能不佳或不符合设计要求的地方，工程师们将对原型进行调整和改进，以提高汽车的性能和质量。假设在电动汽车的原型测试中，发现了续航里程较短的问题。工程师们可以考虑对电池系统进行优化，以提高电动汽车的续航能力。他们可能会尝试不同的电池类型或调整电池的配置，以找到最佳的解决方案。

原型制作和测试阶段是产品开发过程中至关重要的一步。通过制作实际的产品原型，并进行测试和评估，我们可以及早发现潜在问题并进行改进。这有助于确保产品在投入市场之前，具备良好的性能和质量。

（五）市场推广和营销

在这个阶段，需要将产品推向市场，并进行有效的营销活动，以吸引潜在客户和提高销售额。这个阶段的目标是通过各种营销手段，将产品宣传给目标客户群体，提升产品的知名度和销售量。

假设我们的目标是推广一款新型的智能手机。在市场推广阶段，我们可以采用多种渠道和方法，将产品信息传达给潜在客户。我们可以在电视、广播、报纸等传统媒体上投放广告，以扩大产品的曝光度。同时，我们还可以利用互联网和社交媒体平台，通过在线广告、社交媒体推广等方式，接触到更多的潜在客户。

除了广告宣传，我们还可以组织促销活动来吸引客户。例如，我们可以举办产品发布会，邀请媒体和潜在客户参加，展示产品的特点和优势。我们还可以提供特价促销、礼品赠送等优惠活动，以吸引顾客进行购买。

在市场推广和营销的过程中，我们还需要进行市场调研和分析，了解目标客户的需求和偏好。通过市场调研，我们可以确定最有效的推广渠道和营销策略。例如，如果我们发现目标客户主要通过社交媒体获取信息，我们可以加大在社交媒体平台的推广力度，以达到更好的营销效果。

市场推广和营销阶段的成功与否，需要综合考虑多个因素，如产品定位、目标市场、竞争对手等。同时，我们还需要根据市场反馈和销售数据进行调整和改进。通过不断优化营销策略，我们能够吸引更多的潜在客户，提高产品的销售额和市场份额。

（六）持续改进和优化

在这个阶段，需要不断收集用户反馈和市场数据，对产品和服务进行持续改进和优化，以满足不断变化的需求和市场趋势。这个阶段的目标是通过持续改进，提高产品的质量和性能，提升用户满意度和市场竞争力。

需要注意的是，创新的过程并不是线性的、固定的阶段，各个阶段之间也存在相互影响和交叉的关系。在创新过程中，需要不断地调整和优化各个环节，以适应市场需求和技术发展的变化。

持续改进和优化是一个循环的过程，它要求我们不断收集用户的反馈和意见。通过用户调研、市场调查、产品评价等方式，我们可以了解用户对产品的喜好、需求和改进建议。这些反馈信息对我们进行持续改进和优化提供了重要的参考和指导。

举个例子，假设我们经营一家在线购物平台。在持续改进和优化的阶段，我们可以通过用户调研和数据分析，了解用户在购物过程中遇到的问题和困惑。我们可以通过问卷调查或用户访谈，了解用户对我们平台的满意度、购物体验以及需要改进的方面。同时，我们也可以通过分析用户行为数据，了解用户的购买偏好、流失情况等，以及市场趋势和竞争对手的动态。

基于用户反馈和市场数据，我们可以对产品和服务进行持续改进和优化。例如，如果用户反馈中提到购物过程中的支付流程不方便，我们可以简化支付流程，提供更多的支付方式，以提高用户的购物体验。如果数据分析显示某个商品的销售量不佳，我们可以调整价格、改进产品描述或提供促销活动，以提升销售额。

持续改进和优化还要求我们密切关注市场趋势和竞争对手的动态。通过了解市场的变化和竞争对手的策略，我们可以及时调整和优化我们的产品和服务，以保持竞争力。例如，如果市场上出现了新的创新产品或服务，我们可以通过不断改进和优化，提升我们的产品特色和竞争优势。

持续改进和优化的过程是一个不断学习和成长的过程。通过不断收集用户反馈和市场数据，并进行持续改进和优化，我们可以不断提高产品的质量和用户满意度，适应和引领市场的变化。

二、创新意识以及创新文化对创新过程的影响

创新意识是指个人或企业对创新的认识和理解，包括对市场、技术和社会的洞察和

理解，以及对创新的动机和目标的明确和认同。创新文化则是指企业或个人在创新活动中所遵循的价值观、行为准则和组织文化。创新文化的营造可以促进创新的发生和发展，提高创新活动的效率和效果。创新意识和创新文化对创新过程有着重要的影响。具体来说，创新意识和创新文化对创新过程的影响可以从以下几个方面来分析：

（一）创新意识对创新过程的影响

创新意识对创新过程有着重要的影响。具有创新意识的个人或企业更加关注市场需求和技术发展，具备更好的创新思维和创意产生能力。在创新过程中，创新意识可以帮助个人或企业更加明确创新目标和方向，提高创新效率和成功率。

创新意识使个人或企业更加关注市场需求和用户体验。具有创新意识的人们会密切关注市场的变化和用户的需求，了解市场趋势和用户行为。他们会通过市场调研、用户反馈和数据分析等方法，寻找市场的痛点和机会，从而确定创新的方向和目标。例如，一个具有创新意识的企业可以更加关注用户需求和市场趋势，开发出更符合市场需求的产品，提高产品的市场占有率和竞争力。

创新意识促使个人或企业具备更好的创新思维和创意产生能力。创新意识使人们更加敏感和开放于新的想法和观念，能够看到问题背后的机会和潜力。他们会持续学习和探索新的知识和技能，以拓宽自己的思维和视野。具有创新意识的人们还会鼓励和尊重不同的观点和想法，促进团队合作和创造力的发展。他们会通过头脑风暴、设计思维等方法，激发创意的产生和分享。这样的创新意识有助于在创新过程中形成更多的创新解决方案和发展机会。

创新意识提高了创新过程的效率和成功率。具有创新意识的个人或企业更加明确自己的创新目标和方向，能够集中资源和精力，避免盲目的创新尝试。他们会进行系统性的规划和组织，制定切实可行的创新实施计划，并建立相应的评估和反馈机制。这样的创新意识使得创新过程更加有条理和高效，提高了创新的成功率。

创新意识使个人或企业更加关注市场需求和技术发展，具备更好的创新思维和创意产生能力。创新意识帮助个人或企业更加明确创新目标和方向，提高创新效率和成功率。具有创新意识的人们能够更好地把握市场机遇，推动创新的发展。

（二）创新文化对创新过程的影响

创新文化对创新过程同样有着重要的影响。创新文化可以促进创新思维和创新行为的形成和发展，营造良好的创新氛围，提高创新效率和效果。

创新文化鼓励员工勇于尝试和创新。在具有创新文化的企业中，员工受到鼓励和支持，被激励去探索新的想法和解决方案。他们不会被过度拘束和恐惧失败，而是被鼓励积极参与创新活动，并提出新的观点和建议。这种鼓励和支持使得员工更加愿意冒险和尝试新的创新方法，为企业带来新的机遇和突破。

创新文化提供创新支持和资源。在创新文化的环境中，企业会为创新活动提供必要的资源和支持，如专门的研发团队、研究设施、资金投入等。这种支持和资源的提供可以帮助员工更好地实施创新想法，推动创新项目的顺利进行。同时，创新文化也鼓励和支持知识的分享和交流，促进创新团队的合作和协同，提高创新效率和成果。

图 1-12　同事间交流

创新文化营造了良好的创新氛围。在创新文化的企业中，创新被视为一种重要价值观和行为准则。这种文化价值观使得员工更容易接受和适应创新的思维方式和工作方式。创新文化鼓励员工思考问题的多样性和创造性解决方案，鼓励团队合作和知识共享。这种积极的创新氛围激发了员工的创新潜能和创造力，推动企业的创新发展。

创新文化鼓励员工勇于尝试和创新，提供创新支持和资源，营造良好的创新氛围。具有创新文化的企业更容易培养创新思维和创新行为，推动创新项目的顺利进行。创新文化对于企业的创新发展和竞争力提升具有重要的推动作用。

（三）创新意识和创新文化的相互影响

创新意识和创新文化是相互关联、相互影响的。创新意识的形成和发展需要创新文化的支持和营造，而创新文化的形成和发展也需要个人和企业具备积极的创新意识。

创新意识的形成和发展需要创新文化的支持和营造。创新意识需要积极的环境和文化来孕育和培养。在创新文化的企业中，创新被视为一种重要价值观和行为准则。这种文化价值观使得员工更容易接受和适应创新的思维方式和工作方式。创新文化鼓励员工思考问题的多样性和创造性解决方案，鼓励团队合作和知识共享。这种积极的创新文化为个人和企业提供了创新意识形成和发展的土壤和动力。

创新文化的形成和发展也需要个人和企业具备积极的创新意识。创新文化需要个人和企业具备敢于尝试和创新的意识和行为。只有个人和企业具备积极的创新意识，才能更好地适应和推动创新文化的形成和发展。例如，企业可以通过创新培训、创新奖励等方式，激励员工积极参与创新活动，提高创新意识和创新能力，从而推动创新文化的发展和营造。

创新意识和创新文化的相互影响是一个良性循环的过程。创新意识的提升促进了创新文化的发展，而创新文化的形成和营造又进一步强化了个人和企业的创新意识。它们共同推动着创新的发展和创造力的释放。

创新意识和创新文化在创新过程中都起到重要的作用。创新意识使个人或企业更加关注市场需求和技术发展，具备更好的创新思维和创意产生能力。而创新文化则提供了支持和营造创新环境，鼓励员工积极参与创新活动，提供资源和支持，营造创新氛围。创新意识和创新文化相互关联、相互影响。创新意识的形成和发展需要创新文化的支持和营造，而创新文化的形成和发展也需要个人和企业具备积极的创新意识。创新意识和创新文化的相互影响是一个良性循环的过程，共同推动着创新的发展和创造力的释放。因此，个人和企业应重视创新意识和创新文化的培养和发展，以推动创新的成功和持续进步。

思考题

1. 在创新过程中，如何有效地识别和定义问题？列举一些方法和工具，帮助明确问题的本质和影响范围。

2. 你认为创新意识和创新文化对个人和组织的创新能力和竞争力有何重要影响？请举例说明。

3. 在持续改进和优化的阶段，如何收集用户反馈和市场数据，并根据其进行相应的调整和改进？请列举一些方法和工具，以实现持续改进和优化的目标。

2.2 创新方法的主要类型

一、TRIZ 创新方法

TRIZ（Theory of Inventive Problem Solving）是一种创新方法论，旨在帮助人们解决复杂问题和推动创新。TRIZ 由苏联科学家根里奇·阿奇舒勒（Genrieh Altshuller）在 20 世纪 40 年代发展而来。TRIZ 基于对全球专利数据库的分析和归纳，提出了一套系统性的创新原则和方法，用于解决技术和工程领域的问题。

TRIZ 的目标是通过系统性的方法，帮助创新者克服创新过程中的障碍和瓶颈。它认为创新问题可以在已有的技术和知识基础上找到解决方案，而不需要依赖于偶然的发现或试错。TRIZ 的核心理念是通过识别和利用通用的创新原则，提供一种系统性的方法来解决问题。

TRIZ 的基本原则是建立在对大量的专利分析的基础上。通过对全球专利数据库的研究和归纳，TRIZ 总结出了许多常见的技术矛盾和创新原则。技术矛盾是指在解决问题时，不同的技术要求之间的冲突。TRIZ 通过矛盾矩阵和发明原理等工具，为创新者提供了一系列可应用的创新原则和解决方案。

TRIZ 方法的应用可以帮助创新者更有效地解决问题，并提供新的洞察和思路。它不仅仅适用于技术和工程领域，还可以应用于其他领域，如管理、设计和创意等。TRIZ 的应用可以帮助创新者发现新的解决方案、克服技术瓶颈、提高产品质量和效率，从而推动创新的发展和进步。

图 1-13　TRIZ 创新方法

总而言之，TRIZ 是一种创新方法论，通过识别通用的创新原则和方法，帮助人们解决复杂问题和推动创新。它的核心思想是利用已有的技术和知识，通过系统性的方法来解决创新问题。TRIZ 的应用可以帮助创新者更好地识别问题、发现新的解决方案，并推动创新的成功和进步。

有关 TRIZ 创新方法的具体应用方法，我们将在"模块三　TRIZ 创新方法及其应用"中进行详细的解读。

二、设计思考方法

设计思考方法是一种创新方法论，旨在帮助人们解决复杂问题和推动创新。它强调以人为中心的设计过程，通过理解用户需求、观察用户行为和体验，以及进行创意产生和原型制作等活动，来寻找创新的解决方案。

图 1-14　设计思考方法

设计思考方法的核心理念是将设计师的思维方式和方法应用于问题解决和创新过程中。它强调深入理解用户的需求和情境，并将用户置于创新的核心。通过观察、交流和共创，设计思考方法帮助人们发现问题的本质，并提出创新的解决方案。

设计思考方法通常包括以下几个关键步骤。

（一）探索和理解

通过研究和观察用户，深入了解他们的需求、期望、挑战和行为。这一阶段也包括收集相关信息和进行市场调研，以获取全面的背景知识。

（二）定义问题

在深入理解用户之后，明确问题的关键点和挑战。将用户需求转化为具体的问题陈述，以便更好地引导后续的创新过程。

（三）创意产生

通过开展头脑风暴、思维导图、角色扮演等活动，激发团队成员的创造力和创新思维。鼓励大胆提出各种可能的解决方案，不受限制地思考问题。

（四）原型制作

根据创意产生的结果，制作出初步的原型或模型。原型可以是物理的、数字的或概念性的，用于测试和验证创新的可行性和效果。

（五）测试和迭代

将原型交予用户或相关利益相关者进行测试和评估。通过收集反馈和意见，了解用户的体验和需求，并对原型进行改进和优化。

（六）实施和落地

将经过测试和改进的解决方案转化为实际的产品、服务或策略。在这一阶段，需要考虑实施的可行性和可持续性，制定实施计划和时间表。

设计思考方法强调团队合作、用户参与和持续迭代的原则。它鼓励创新者在解决问题和推动创新过程中，采用开放、灵活和创造性的思维方式。设计思考方法适用于各行各业，不仅限于产品设计领域，也可应用于服务设计、组织管理、社会创新等多个领域。

有关设计思考方法的具体应用方法，我们将在"模块二　设计思考方法及其应用"中进行详细的解读。

三、六项思考帽方法

六项思考帽方法是一种创新思维工具，由爱德华·德·博诺（Edward de Bono）提出。它通过模拟戴不同颜色帽子的角色，引导参与者从不同的角度思考问题，以促进全面和系统的思考。

图 1-15 六项思考帽方法

六项思考帽方法基于一种隐喻的思维模型，将思考过程比作戴不同颜色帽子的角色扮演。每个"思考帽"代表一种特定的思维方式和角色，有助于引导参与者从不同的角度思考问题。

以下是六项思考帽的定义和对应的角色：

（一）白　帽

白色代表事实和信息的客观性。戴上白帽，参与者关注的是收集和整理现有的信息和数据，进行客观的分析和评估。

（二）红　帽

红色代表情感和直觉。戴上红帽，参与者可以自由地表达情感、直觉和个人观点，而不需要提供理性的解释。

（三）黄　帽

黄色代表积极和乐观的思考。戴上黄帽，参与者鼓励提出好处、优点和积极的观点，探索解决问题的潜在益处。

（四）黑　帽

黑色代表批评和悲观的思考。戴上黑帽，参与者提出潜在的问题、障碍和风险，分析问题的缺陷和不足之处。

（五）绿　帽

绿色代表创造性和创新的思考。戴上绿帽，参与者可以自由发挥创造力，提出新颖的想法、解决方案和可能性。

(六) 蓝 帽

蓝色代表组织和控制思考过程。戴上蓝帽，参与者担任引导和组织者的角色，控制和管理思考的流程，确保各种思考帽的平衡和协调。

通过轮流戴上不同颜色的思考帽，参与者可以从不同的角度思考问题，避免陷入单一的思维模式。六项思考帽方法鼓励全面、系统和多角度的思考，促进创新和决策过程的高效进行。

有关六项思考帽方法的具体应用，我们将在模块四中进行详细解读。

四、其他创新方法

除了前面提到的三种创新方法以外，还有其他多种创新方法可以应用于问题解决和推动创新。

(一) 敏捷创新

敏捷创新是一种迭代和协作的创新方法，强调快速试错、小规模试验和快速响应市场变化。它适用于快节奏的创新环境，可以帮助创新者迅速适应变化、减少风险，并快速推出具有市场竞争力的创新产品或服务。

(二) 开放创新

开放创新是一种基于合作和共享的创新方法。它鼓励组织与外部利益相关者（如合作伙伴、客户、供应商、学术界等）进行广泛的合作和知识共享，以获取更多的创新资源、想法和机会。开放创新认识到创新不仅仅发生在组织内部，还可以通过与外部合作伙伴共同创造价值和解决问题。

(三) 反向创新

反向创新是一种从发展中国家到发达国家的创新方法。它强调从基层市场、边缘用户和新兴经济体中寻找创新的灵感和解决方案，并将其应用于全球市场。反向创新充分利用发展中国家的需求和资源，推动创新的跨国传播和价值创造。

(四) 故事创新

故事创新是通过讲述故事和建立情感连接来推动创新的方法。它强调通过故事来传达创新的价值和意义，激发人们的共鸣和参与。故事创新可以帮助创新者更好地传达创新的目的和影响，从而更好地吸引用户和利益相关者的关注。

(五) 生态系统创新

生态系统创新是一种关注整个价值链和生态系统的创新方法。它强调通过与不同利益相关者的合作和协同，构建完整的创新生态系统，实现共同的创新目标。生态系统创新鼓励组织超越自身的边界，与合作伙伴共享资源和知识，推动创新的协同发展。

  这只是一小部分创新方法的例子，还有许多其他创新方法可供选择。每种创新方法都有其独特的特点和适用场景，创新者可以根据具体问题和目标选择合适的方法。重要的是灵活运用不同的创新方法，根据实际情况进行调整和结合，以最好地支持问题解决和创新的发展。

思考题

  1. 你认为在解决问题和推动创新过程中，哪种创新方法最适合你或你所在的组织？请说明原因。

  2. 你可以举一个实际的例子，说明如何运用某种创新方法解决问题或推动创新。

  3. 在实际应用创新方法时，面临的挑战和困难有哪些？你有什么方法或策略可以应对这些挑战和困难？

单元三　创新与国际化战略

学习目标

1. 了解国际化与创新的关系，以及国际化对创新的促进作用。
2. 掌握国际化创新的概念与意义，包括适应多元化的市场需求、提高竞争力、拓展市场份额和加强国际合作与交流等方面的意义。
3. 理解国际化创新面临的挑战，如文化差异、市场需求差异、法律法规差异和竞争环境差异等，并掌握应对这些挑战的方法和策略。

3.1　国际化与创新的关系

一、国际化对创新的促进

国际化是指企业或组织在跨越国界的过程中，扩展其业务和活动范围，与国际市场进行交流和合作。国际化的目标是通过进入国际市场，获取更广阔的机会和资源，实现可持续的发展和增长。国际化对创新的促进作用是非常重要的。

（一）国际化带来了跨文化的交流和互动，激发了创新的动力

当企业或组织进入新的国际市场时，他们不仅仅面对着不同的文化背景和消费习惯，还需要适应不同的法规、行业标准和竞争环境。这种跨文化的挑战促使企业和组织不断寻求创新的解决方案，以适应新的市场需求和变化。

（二）国际化为创新提供了更广泛的资源和机会

通过进入国际市场，企业和组织可以建立全球化的供应链、合作伙伴和合作关系。这为他们带来了更多的创新资源，如技术、专业知识、人才和资本。同时，国际化也为企业和组织提供了更多的市场机会，他们可以接触到不同的消费者群体，了解不同地区

的需求和趋势，从而激发创新的灵感和创意。

（三）国际化推动了创新的思维和方法的转变

在国际市场中，企业和组织需要采取灵活和创新的策略来应对竞争和变化。他们需要考虑不同文化和市场的差异，制定针对性的产品定位和市场营销策略。这种跨国经营的需求促使企业和组织采用更加开放和创新的思维方式，以寻求新的商业模式、产品创新和服务创新。

综上所述，国际化对创新的促进作用是多方面的。它通过跨文化的交流、提供更广泛的资源和机会，以及推动创新思维和方法的转变，激发和促进创新的发展。因此，企业和组织在追求创新时，应积极拥抱国际化，充分利用国际化带来的机遇和挑战，以推动创新的发展。重要的是，企业和组织需要具备跨文化的敏感性和适应能力，积极寻求合作伙伴和资源，开展国与国之间的创新合作与交流。

二、创新对国际化的推动

随着全球化的加速和信息技术的发展，国际化已经成为许多企业、组织以及个人的发展目标之一。创新作为推动国际化的重要力量，发挥着至关重要的作用。

（一）创新可以帮助企业在竞争激烈的国际市场中脱颖而出，并在竞争中取得优势

一个具有创新能力的企业能够不断提供新的产品、服务或解决方案，满足不同市场的需求，从而赢得消费者的青睐。

首先，创新能够帮助企业开发出独特的产品或服务，与竞争对手区分开来。在国际市场上，产品同质化的竞争非常激烈，企业需要通过创新来打破僵局。通过不断引入新的技术、设计或功能，企业可以提供独特的产品或服务，满足消费者日益增长的需求和期待。例如，苹果公司的 iPhone 在推出时引入了全新的触摸屏技术和用户界面，从而在激烈的智能手机市场中脱颖而出，并取得了巨大的成功。

其次，创新可以帮助企业开拓新的市场或扩大现有市场份额。通过创新，企业可以识别和满足不同市场的需求，进而开发出适应性强的产品或服务。例如，可口可乐公司通过创新推出了不同口味的饮料，针对不同国家和地区的消费者口味进行调整，从而在全球范围内扩大了市场份额。

此外，创新还可以帮助企业提高效率和降低成本，提供更具竞争力的解决方案。通过创新技术和流程，企业可以改进生产和运营方式，提高效率和质量，并降低成本。这使得企业能够以更具竞争力的价格提供产品或服务，吸引更多消费者的选择。例如，亚马逊公司通过引入机器人和自动化技术，提高了物流和配送效率，从而缩短了交付时间，降低了成本。

（二）创新可以帮助企业适应不同国家和地区的文化差异和市场需求，从而实现国际化经营的成功

国际市场的多样性要求企业在产品、服务和经营模式上具备灵活性和适应性。创新可以帮助企业开发出适应不同市场的产品和服务，并在跨文化环境中取得成功。

首先，创新可以帮助企业了解和适应不同国家和地区的文化差异。不同国家和地区拥有独特的文化、价值观和消费习惯，企业需要通过创新来研究和理解这些差异。通过对文化差异的深入了解，企业可以开发出符合当地消费者偏好和需求的产品和服务。例如，麦当劳在不同国家推出了不同的菜单选择，根据当地文化和口味偏好进行调整，以满足消费者的需求。

其次，创新可以帮助企业应对不同国家和地区的市场需求。国际市场的需求差异往往受到各种因素的影响，如经济发展水平、消费习惯、法律法规等。企业需要通过创新来开发出适应不同市场需求的产品和服务。例如，耐克在中国市场推出了运动鞋专门设计给中国消费者的特殊需求，如考虑到中国人脚型的特点和偏好。

此外，创新还可以帮助企业在跨文化环境中建立信任和合作关系。在国际市场中，企业需要与当地的合作伙伴、政府和消费者建立良好的关系。通过创新，企业可以提供与当地需求和文化相契合的解决方案，增强合作伙伴和消费者的信任，并建立长期的合作关系。例如，微软公司在中国市场与当地合作伙伴合作开发了适应中国特色的Windows操作系统，从而与中国政府和消费者建立了紧密的合作关系。

（三）创新不仅可以促进企业的国际化发展，还可以推动国际合作和交流

创新不仅仅限于技术方面，还包括商业模式、管理方法等方面的创新。一个企业通过与不同国家和地区的企业和组织进行合作和交流，可以共享创新经验和资源，推动国际化的进程。

首先，创新可以促进国际合作。在全球化的背景下，企业越来越意识到合作的重要性。通过与国际合作伙伴共同进行创新，企业可以获得更多的资源和专业知识，并且可以共同开发新的产品、服务或解决方案。例如，中国的华为公司与国际电信设备制造商合作开发 5G 技术，通过合作共享技术和市场资源，推动了全球 5G 技术的发展。

其次，创新可以促进国际交流。创新活动本身就是一个交流和学习的过程。通过与不同国家和地区的企业和组织进行交流，可以了解他们的创新经验和最佳实践，从而汲取灵感和启发，推动自身的创新能力和竞争力提升。例如，国际创新展览和论坛等活动为企业提供了一个平台，促进了不同国家和地区企业之间的交流与合作。

此外，创新合作还可以通过共享创新资源和知识，提高创新效率和效果。在国际合作中，企业可以共享技术、专利、研发设施等创新资源，避免重复投入和浪费，并加速创新的实施和推广。例如，国际合作项目可以通过共同投资研发设施，共享研发成果，提高创新的效率和效果。

三、国际化与创新的相互影响

国际化是企业拓展全球市场、跨越国界经营的过程，而创新则是推动企业在竞争中

脱颖而出、满足市场需求的关键力量。这两者之间存在着紧密的相互关系和互动作用。

（一）国际化可以促进创新

当企业进入全球市场时，面临着不同国家和地区的市场需求和竞争环境的变化。这种多元化的市场需求和竞争压力迫使企业进行创新，以适应和满足不同市场的需求。

（二）创新可以推动国际化的发展

创新能够为企业带来竞争优势，使其在国际市场中脱颖而出。通过不断提供新的产品、服务或解决方案，企业能够满足不同国家和地区的需求，赢得消费者的青睐。这种创新能力可以帮助企业在国际市场上建立品牌形象，扩大市场份额。例如，苹果公司通过创新的产品和设计，成功进入全球市场，成为全球知名的科技品牌。

总结起来，国际化和创新是相互促进、相辅相成的过程。国际化可以促进创新，推动企业在全球市场中满足不同的市场需求。而创新则可以推动国际化的发展，使企业在竞争中脱颖而出。

思考题

1. 国际化对创新的促进作用是什么？请举例说明。
2. 创新如何在国际化过程中帮助企业适应不同国家和地区的文化差异和市场需求？请举例说明。
3. 在国际化创新过程中，企业可能面临哪些挑战？你认为如何应对这些挑战能够促进国际化创新的成功？

3.2 国际化创新的挑战与机遇

一、国际化创新的概念与意义

国际化创新是指企业在追求国际市场发展时，通过不断的创新活动来适应和满足不同国家和地区的市场需求和竞争环境。它强调了创新在国际化过程中的重要性，并体现了企业在全球化背景下的竞争优势和发展机遇。

（一）国际化创新可以适应多元化的市场需求

国际化使企业面对着不同国家和地区的市场需求的多样性。通过创新，企业能够开发出符合当地市场需求的产品和服务，实现个性化定制，满足消费者的需求和偏好。

(二) 国际化创新可以提高竞争力

国际化的竞争环境常常更加激烈，企业需要通过创新来提高竞争力。创新可以使企业在产品、技术、运营模式等方面具备差异化的优势，从而在国际市场中脱颖而出，赢得市场份额。

(三) 国际化创新可以拓展市场份额

国际化创新可以帮助企业拓展国际市场份额。通过不断创新，企业可以开发新产品、进入新领域，拓宽市场边界，实现更广阔的市场覆盖和更多样化的收入来源。

(四) 国际化创新可以加强国际合作与交流

国际化创新也促进了企业之间的国际合作与交流。通过与不同国家和地区的合作伙伴共享创新资源和知识，企业可以加速创新的推广和应用，实现共赢的合作关系。

二、国际化创新的挑战

国际化创新虽然带来了许多机遇，但也面临着一些挑战。这些挑战可能来自不同的方面，如文化差异、市场需求、法律法规以及竞争环境等，了解和应对这些挑战对于实现成功的国际化创新至关重要。

(一) 文化上的差异

不同国家和地区的文化差异会对创新产生影响。企业需要适应不同文化背景下的市场需求、消费习惯和价值观。例如，产品设计、营销策略和沟通方式等都需要根据当地文化做出相应的调整。这要求企业具备跨文化管理和创新能力，以确保创新能够适应并被接受。

(二) 市场需求上的差异

不同国家和地区的市场需求差异巨大。企业需要了解并适应不同市场的需求，开发出符合当地消费者需求的产品和服务。这需要企业进行市场调研、了解消费者的偏好和行为习惯，并将这些信息纳入创新过程。例如，可口可乐公司在不同国家推出不同口味的饮料，以满足当地消费者的需求。

(三) 法律法规上的差异

国际化创新还需要考虑不同国家和地区的法律法规。不同国家和地区对于知识产权、市场准入等方面可能存在不同的法律要求。企业需要遵守当地的法律法规，并确保创新活动的合规性。这要求企业在国际化过程中具备法律意识和法律团队的支持。

（四）竞争环境上的差异

国际化创新必然面临来自本地企业和国际竞争对手的竞争压力。企业需要在不同市场中与竞争对手进行竞争，并保持持续的创新能力。这要求企业具备敏锐的市场洞察力、快速创新的能力以及灵活的战略调整。

三、国际化创新的机遇

国际化创新为企业带来了广阔的机遇，可以促进其在全球市场中取得竞争优势和持续发展。国际化创新的机遇包括以下几个方面。

（一）国际化创新可以扩大企业的市场规模

通过国际化创新，企业可以拓展到全球市场，从而获得更大的市场规模和更多的消费者。进入新的市场，企业可以开辟新的销售渠道，增加销售额和利润。例如，苹果公司通过国际化创新，成功进入了全球市场，并拓展了其产品的销售份额。

（二）国际化创新可以让企业获取新的技术和知识

国际化创新使企业能够与全球范围内的合作伙伴、供应商和研发机构进行合作，从而获得新的技术和知识。通过合作和交流，企业可以获取先进的技术和创新的想法，提升自身的创新能力。例如，中国的华为公司与国际合作伙伴共同推动了5G技术的发展，从中获得了新的技术和专业知识。

（三）国际化创新可以充分利用全球资源

国际化创新使企业能够利用全球范围内的资源，包括人才、资金、供应链和市场机会等。通过在全球范围内寻找合作伙伴和供应链伙伴，企业可以更好地利用资源，降低成本，提高效率。例如，特斯拉公司通过在全球范围内建设充电站网络，利用全球的能源资源，促进了电动汽车的国际化发展。

（四）国际化创新可以增强企业品牌影响力

国际化创新可以帮助企业提升品牌的影响力和知名度。企业通过在全球市场中推出创新产品和服务，满足消费者的需求，赢得市场份额，并逐渐建立起品牌的良好声誉和形象。例如，谷歌通过创新的搜索引擎技术和云计算服务，成为全球范围内最知名的科技公司之一。

综上所述，国际化创新为企业带来了许多机遇。通过扩大市场规模、获取新的技术和知识、利用全球资源以及增强品牌影响力，企业可以在全球市场中取得竞争优势和持续发展。因此，企业应积极抓住国际化创新的机遇，不断提升创新能力和竞争力。

思考题

1. 国际化创新面临的文化差异、市场需求差异、法律法规差异和竞争环境差异等挑战对企业有何影响？如何应对这些挑战以实现成功的国际化创新？

2. 国际化创新为企业带来了扩大市场规模、获取新的技术和知识、利用全球资源和增强品牌影响力等机遇。请你选择一种机遇，说明我们应该如何利用这种机遇促进国际化创新的发展。

模块二 设计思考方法及其应用

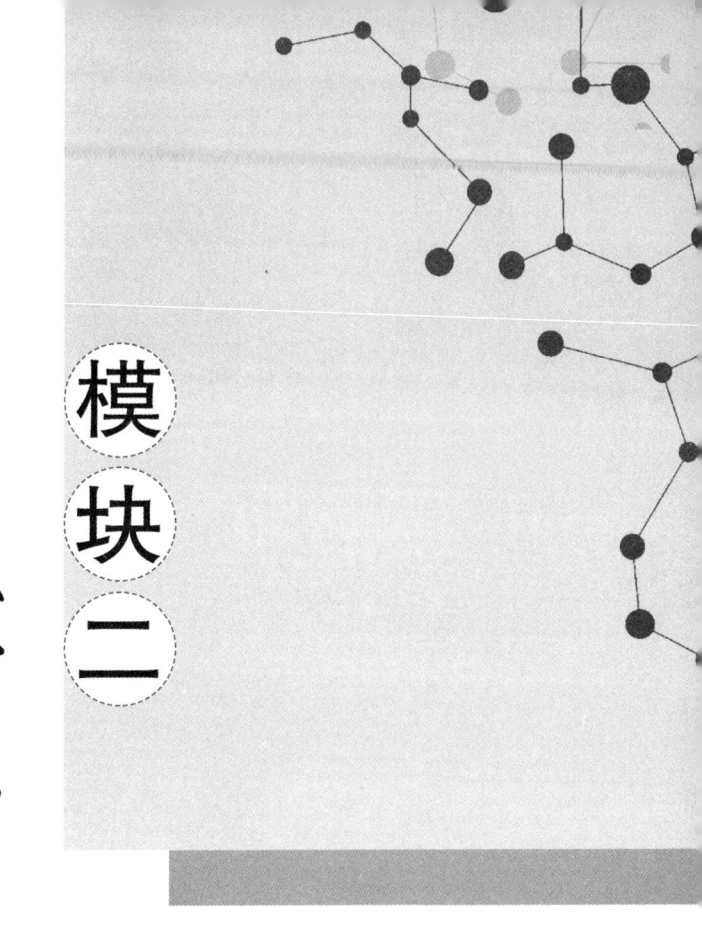

模块二　设计思考方法及其应用

单元一　设计思考方法的概述

学习目标

1. 了解设计思考方法的问题定义和理解阶段，包括明确挑战、用户洞察和问题定义的步骤。

2. 理解设计思考方法的创意生成和概念开发阶段，包括创意产生、评估筛选和原型制作的步骤。

3. 掌握设计思考方法的解决方案设计和实施阶段，包括详细设计、用户测试和反馈、实施和开发的步骤。

1.1　设计思考方法的起源和发展

一、设计思考方法的起源

设计思考方法的起源可以追溯到设计领域。设计师们在解决问题和创造新产品的过程中，逐渐形成了独特的思维方式和方法论，这就是设计思考方法的来源。

设计思考方法最早起源于 20 世纪 50 年代的工业设计领域。当时，设计师们意识到仅仅依靠技术和功能性的考虑并不能满足用户的需求。他们开始思考如何将人的需求和情感融入产品设计中，从而提升产品的用户体验。美国的蒂姆·布朗（Tim Brown）和大卫·凯利（David Kelley）被视为设计思考方法的先驱者，他们在 IDEO 等设计公司的实践中广泛推广了设计思考方法，并为其奠定了理论基础。蒂姆·布朗是 IDEO 公司的创始人之一，他在设计领域的影响力举足轻重。他通过自己在 IDEO 的实践中，将设计思考方法应用于各种项目，并为其树立了理论基础。他的观点和经验被广泛传播，成为设计思考方法的重要代表。大卫·凯利是 IDEO 公司的另一位创始人，他也是设计思考方法的倡导者之一。他在斯坦福大学开设了设计思考课程，将设计思考方法引入了教育领域。通过课程的教学和实践，他培养了许多学生的设计思考能力，并为设计思考方法的发展做出了重要贡献。蒂姆·布朗和大卫·凯利的实践经验和思想成果对设计思考方法的推广和发展起到了重要的推动作用。他们强调以人为本、关注用户需求和体验的核心理念，通过观察、洞察和创新来解决问题。他们的实践案例和理论贡献为设计思考方法提供了有力的支撑和指导。除了蒂姆·布朗和大卫·凯利，还有其他一些设计师和研究者也在设计思考方法的推广和发展中发挥了重要作用。他们通过实践和研究，不断完善和丰富设计思考方法的理论框架和实践技巧，为设计师和学生提供了实用的工具和方法。

在这个过程中，设计师们开始采用一种以人为中心的方法来解决问题，即设计思考方法。这种方法强调从人的角度出发，关注用户的需求、期望和体验，以此来指导产品的设计和创新。

随着时间的推移，设计思考方法逐渐得到了更广泛的应用和发展。设计师们开始意识到仅仅依靠技术和功能性的考虑并不能满足用户的需求，需要更加综合的方法来解决问题。于是，设计思考方法开始融合其他领域的理念和方法，如心理学、社会科学等。

心理学的研究为设计思考方法提供了关于用户行为和认知的重要洞察。设计师们开始关注用户的感受、情感和行为模式，通过心理学的研究方法来理解用户的需求和期望。这使得设计思考方法能够更加准确地针对用户的真实需求进行设计和创新。

此外，还有许多其他领域的研究和案例为设计思考方法的发展做出了贡献。例如，教育学、人机交互学、创新管理等领域的研究和实践，都为设计思考方法提供了新的思路和方法。这些跨领域的融合使得设计思考方法能够更加全面地考虑到用户需求和社会影响。

二、设计思考方法的发展

设计思考方法的发展历程是一个逐渐扩展的过程，它从设计领域逐步扩展到其他领域，如商业、教育、医疗等。设计思考方法逐渐被认为是一种跨学科的创新方法，能够应用于解决各种复杂问题和推动创新。

最初，设计思考方法主要应用于工业设计领域。设计师们意识到仅仅依靠技术和功能性的考虑并不能满足用户的需求，开始思考如何将人的需求和情感融入到产品设计中，从而提升用户体验。这一思维方式和方法论逐渐形成了设计思考方法的雏形。在工业设计领域，设计师们开始关注产品的用户体验，而不仅仅关注产品的外观和功能。他们开始从用户的角度出发，思考如何设计出更符合用户需求和期望的产品。设计师们开始进行用户研究，观察和了解用户的行为、需求和偏好，从而更好地满足他们的期望。这种以用户为中心的设计思考方法逐渐在工业设计领域得到认可和应用。设计师们开始将用户体验作为设计的重要指标，通过考虑用户需求和情感，设计出更具吸引力、易用性和符合用户期望的产品。这种思维方式和方法论成为设计思考方法的雏形，为后来的发展奠定了基础。

随着时间的推移，设计思考方法逐渐扩展到其他领域。商业界开始意识到设计思考方法的价值，并将其应用于产品创新、市场营销和用户体验的改善。通过以用户为中心的设计思考方法，企业可以更好地理解用户需求，设计出更具吸引力和有竞争力的产品和服务。商业界认识到：成功的产品和服务不仅仅依靠技术和功能，还需要关注用户的需求和体验。设计思考方法提供了一种以用户为中心的方法，通过观察、洞察和理解用户的需求、期望和行为，帮助企业从用户的角度来思考和设计产品。

通过设计思考方法，企业可以更好地了解用户的痛点和需求，发现用户未被满足的需求，并将其转化为创新的机会。设计思考方法强调与用户的深入互动，通过用户研究、用户测试和用户反馈等手段，不断迭代和改进产品设计，以确保产品能够真正满足用户的需求。

在市场营销方面，设计思考方法也起到了重要的作用。通过深入理解用户需求和体验，企业可以更好地定位目标市场，开发出符合用户期望的产品和服务，并通过差异化的市场营销策略来吸引用户的注意和兴趣。

设计思考方法还强调用户体验的重要性。通过以用户为中心的设计思考方法，企业可以设计出更具吸引力、易用性和满足用户期待的产品和服务，提升用户的整体体验。良好的用户体验不仅能够增加用户的忠诚度和满意度，还能为企业赢得竞争优势。

设计思考方法帮助企业从用户的角度出发，更好地理解用户需求，设计出更具吸引力和有竞争力的产品和服务。通过以用户为中心的设计思考方法，商业界能够实现更好的市场定位、产品创新和用户体验，从而推动企业的发展和成功。

教育领域也开始应用设计思考方法。在教育中，设计思考方法被用来培养学生的创造力、解决问题的能力和团队合作精神。通过设计思考的过程，学生可以学习到观察、洞察、定义问题、创造解决方案和迭代改进的技能，这对他们未来的学习和职业发展都具有重要意义。设计思考方法在教育中的应用主要体现在以下几个方面：

（一）设计思考方法强调以学生为中心的学习

它鼓励学生从实践中学习，通过观察和感知身边的环境和问题，培养他们的观察力和洞察力。学生不再只是被动接受知识，而是通过自主探究和实践，主动参与到问题解决的过程中。

（二）设计思考方法培养学生解决问题的能力

学生通过观察和洞察问题，学会定义问题的核心，然后运用创造性思维来生成多样的解决方案。他们被鼓励尝试并接受失败，通过不断迭代和改进来寻找最佳解决方案。这种解决问题的能力不仅在学习中有用，也对学生未来的职业发展具有重要意义。

（三）设计思考方法注重培养学生的团队合作精神

在设计思考的过程中，学生被鼓励与他人合作，共同面对挑战和解决问题。他们学会倾听他人的观点和意见，学会在团队中发挥自己的优势和承担责任。这种团队合作的精神对于培养学生的社交能力和领导能力非常重要。

设计思考方法的核心特点是循环迭代。在解决问题和创新的过程中，设计师们不断观察和洞察，以了解问题的本质和用户的需求。他们定义问题，明确目标，并通过创造性思维和团队合作来生成多样的解决方案。然后，通过原型制作和用户测试，他们验证和改进设计方案，以确保最终的解决方案能够真正满足用户的需求。

设计思考方法的应用推动了多学科之间的合作与创新。它鼓励设计师与其他领域的专业人士共同参与问题的解决，通过交流和合作，各专业背景的知识和技能得以相互融合，产生更具创新性的解决方案。这种合作与创新的模式有助于打破学科之间的壁垒，促进知识的交流和跨学科的合作。

设计思考方法的应用也有助于人们更好地应对日益复杂的挑战。在现代社会中，问题往往是复杂而多样的，需要综合性的思考和解决。设计思考方法的循环迭代过程和跨学科的合作模式，使人们能够从不同的角度和领域来思考问题，找到更全面、创新的解决方案。

总的来说，设计思考方法的发展历程展示了它从设计领域逐渐扩展到商业、教育、医疗等多个领域的过程。作为一种跨学科的创新方法，设计思考方法为解决复杂问题和推动创新提供了有力的工具和方法。它的应用范围在不断扩大，为各行各业的人们带来了新的思维方式和解决问题的途径。

思考题

1. 设计思考方法是如何起源于工业设计领域的？它是如何逐渐发展成为一种跨学科的创新方法的？

2. 商业界为什么开始应用设计思考方法？它在产品创新、市场营销和用户体验方面的应用有哪些具体案例？

3. 设计思考方法在教育领域的应用有哪些方面？它是如何培养学生的创造力、解决问题能力和团队合作精神的？

1.2 设计思考方法的基本原则和价值

一、用户导向的原则和价值

设计思考方法中的用户理解和同理心是非常重要的。设计思考方法强调通过对用户的深入理解和同理心，来更好地满足用户的需求和期望。

在设计思考方法中，用户理解是指设计师努力去了解用户的真实需求、期望和行为。这需要通过观察、访谈和互动等方法，与用户进行深入的沟通和交流。设计师们要站在用户的角度去思考问题，以便更好地理解他们的痛点、挑战和期望。

模块二　设计思考方法及其应用

设计师们在用户理解的过程中要站在用户的角度去思考问题。这意味着放下自身的假设和预设，真正倾听和理解用户的需求和意见。设计师们需要培养同理心，设身处地地体验和感受用户的需求和体验，以便更好地设计出符合用户期望的解决方案。

通过深入的用户理解，设计师们可以更准确地定义问题、发现创新的机会，并设计出更具吸引力和有竞争力的产品和服务。用户理解也有助于培养设计师的人本主义关怀，在设计中更加关注用户的需求和体验，创造出更具人性化的解决方案。

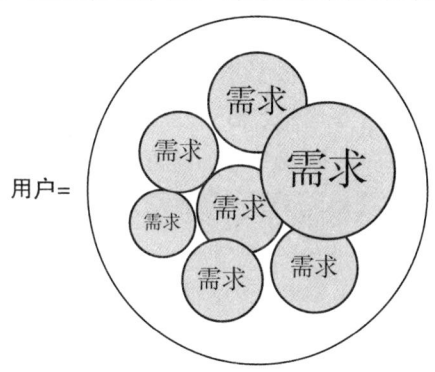

图 2-1　用户理解

用户理解是设计思考方法中的重要环节，通过观察、访谈和互动等方法与用户深入沟通，设计师们努力站在用户的角度去思考问题，以便更好地理解他们的痛点、挑战和期望。用户理解能够为设计师们提供准确的用户需求和体验信息，帮助他们设计出更好的解决方案。

在设计思考方法中，用户理解是指设计师努力去了解用户的真实需求、期望和行为，以便更好地满足他们的需求和期望。这一过程需要通过观察、访谈、互动等方法与用户进行深入的沟通和交流。

同理心是指设计师能够站在用户的角度，真正感同身受并理解用户的情感和体验。通过同理心，设计师们能够更好地理解用户的情感需求和情感反馈。这有助于设计师更好地满足用户的情感需求，创造出与用户情感相契合的产品和服务。

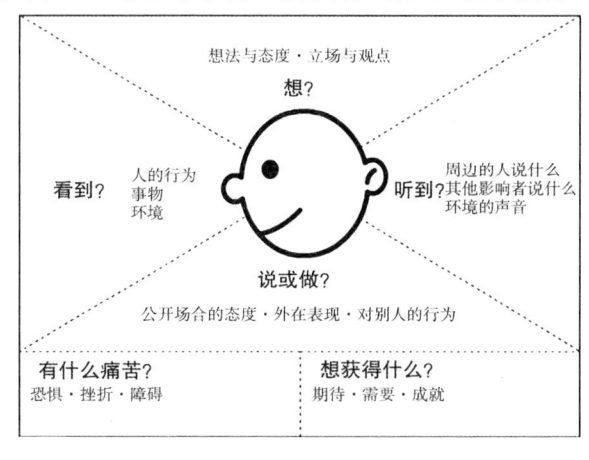

图 2-2　同理心地图

在设计思考方法中，同理心是与用户建立情感共鸣的重要能力。设计师们通过试图理解和感受用户的情感状态、需求和期望，能够更好地设计出能引发用户情感共鸣的产品和服务。他们努力体验和理解用户在使用产品或服务时的情感反应，以便更好地满足用户的情感需求。

通过同理心，设计师们可以更好地理解用户的情感需求。他们试图站在用户的角度去感受和理解用户的情感体验，包括喜好、兴趣、快乐、焦虑等。这有助于设计师们更好地满足用户对产品或服务情感体验的期望，创造出能够引发积极情感反应的解决方案。

同理心还有助于设计师们更好地解读用户的情感反馈。通过理解用户的情感反馈，设计师们可以更好地了解用户对产品或服务的喜好和不满意之处，从而指导设计的改进和优化。他们能够根据用户的情感反馈来调整设计方案，以提供更好的用户体验和满意度。

通过应用同理心，设计师们能够设计出与用户情感相契合的产品和服务。他们能够更好地满足用户的情感需求，创造出能够引发积极情感体验的解决方案。这种情感共鸣有助于建立用户对产品或服务的情感连接和忠诚度，提升用户的满意度和忠诚度。

通过用户理解和同理心，设计思考方法强调将用户置于设计的核心位置。这意味着设计师们不仅要考虑产品的功能性和技术性，还要关注用户的感受、期望和情感体验。通过深入了解用户，设计师们能够更好地满足用户的需求，并设计出更具吸引力和有竞争力的产品和服务。

除了用户理解和同理心，设计思考方法中的用户参与和反馈也是非常重要的。在设计过程中，与用户的密切合作和持续反馈对于改进产品或服务的质量至关重要。设计思考方法强调将用户置于设计的核心位置，因此与用户的参与和反馈是非常重要的环节。设计师们通过与用户进行合作和互动，可以更好地了解用户的需求、期望和问题。这种密切的合作可以帮助设计师们更准确地理解用户的真实需求，从而设计出更具有针对性和创新性的解决方案。

用户参与在设计过程中发挥着重要的作用。通过与用户的合作，设计师们可以深入了解用户的使用环境、行为模式和偏好，帮助他们更好地定位问题和设计解决方案。用户参与可以帮助设计师们获得更多的创意和灵感，并在设计过程中提供有价值的反馈。

持续的用户反馈对于改进产品或服务的质量至关重要。通过与用户的持续交流和反馈，设计师们可以了解用户对产品或服务的满意度、改进的建议和意见。这种反馈有助于设计师们了解用户的实际体验和需求变化，从而指导设计的改进和优化。

用户参与和持续反馈不仅有助于改进产品或服务的质量，还可以增加用户对产品或服务的认可和满意度。通过与用户的紧密合作和持续反馈，设计师们能够更好地满足用户的需求和期望，提供更贴近用户需求的解决方案。总之，设计思考方法中的用户参与和反馈对于改进产品或服务的质量至关重要。与用户的密切合作和持续反馈帮助设计师们更准确地理解用户需求，并设计出更具有针对性和创新性的解决方案。用户参与和持续反馈促进了与用户的紧密连接，提升了产品或服务的用户满意度和认可度。

模块二　设计思考方法及其应用

表 2-1　用户反馈意见表

为提高我们的服务质量水平，请您填写以下信息，我们首先对您的支持和帮助表示感谢，同时希望您能对我们的工作提出宝贵的意见和建议。

单位名称					
您的姓名		电话			
地址		邮编		常用邮箱	
您是通过什么方式了解到我们公司的					
你使用的是我们公司的什么产品	空间域名	服务器租用	服务器托管	机柜带宽	网站建设
您是什么时候与我们第一次合作的，购买的是什么产品					
您对我们公司的电话咨询的满意度	电话是否经常占线		电话接听人员的态度如何		
	问题解答是否完整		解答问题人员的业务熟练度如何		
	您的总体评价				
	希望改进的地方				
发生问题和解决问题	您出现问题时，通常会联系谁？是客服还是技术人员				

此外，设计思考方法中的用户体验和满意度也是要考虑的方面之一。设计思考方法注重提供优质的用户体验，以提高用户的满意度和忠诚度。

用户体验是指用户在使用产品或服务过程中的感受和体验。设计思考方法强调将用户置于设计的核心位置，注重关注用户的感受、需求和期望。通过深入了解用户，设计师们可以设计出更贴近用户需求和期望的产品和服务，提供更好的用户体验。

在设计思考方法中，设计师们通过观察、访谈和用户测试等方法来了解用户的体验。他们关注产品的易用性、功能性、美观性以及与用户情感的契合度。通过在设计过程中考虑用户体验，设计师们努力创造出令用户愉悦、方便、高效的使用体验。

用户满意度是用户对产品或服务的满意程度。通过提供优质的用户体验，设计思考方法旨在提高用户的满意度。当用户对产品或服务感到满意时，他们更有可能继续使用并推荐给他人。因此，提高用户满意度有助于增加用户的忠诚度和口碑推广。

通过设计思考方法，设计师们可以通过与用户的紧密合作和持续反馈，不断改进产品或服务，以提高用户的体验和满意度。他们会关注用户的需求和反馈，进行不断的迭代和优化，以确保产品或服务能够真正满足用户的期望。

总结来说，设计思考方法注重提供优质的用户体验，以提高用户的满意度和忠诚度。通过关注用户的感受、需求和期望，设计师们努力创造出令用户愉悦、方便、高效的使用体验。通过与用户的紧密合作和持续反馈，设计师们不断改进产品或服务，以提高用户的体验和满意度。这有助于增加用户的忠诚度和口碑推广，提升产品或服务的竞争力和市场占有率。

二、创新和实验的原则和价值

（一）设计思考方法强调开放性的思维

它鼓励设计师们摒弃传统思维定式和常规思维方式，勇于尝试新的观点和创新的思路。设计师们被鼓励去思考不同的解决方案，挑战常规的想法，以寻找更优秀的解决方案。

（二）设计思考方法强调多样性的观点

它认为多样性的观点和意见有助于刺激创新的产生。设计师们被鼓励与不同背景、专业和经验的人合作，以获得不同的视角和思考方式。这样的多样性可以打开设计师们的思维空间，为创新和新的解决方案提供更多的可能性。

设计思考方法还强调实验和试错的重要性。设计师们被鼓励通过实践和尝试来验证和改进设计方案。他们把设计过程看作是一个持续的迭代循环，通过原型制作、用户测试和反馈来不断改进和优化设计。这种实验和试错的方法使得设计师们能够从失败中学习，不断提高创新的准确性和有效性。

通过遵循这些原则，设计思考方法为创新提供了理论和方法的支持。它鼓励设计师们勇于尝试和创新，同时注重多样性的观点和开放性的思维。实验和试错的方法也能够帮助设计师们不断改进和优化设计方案，以提供更好的解决方案和用户体验。设计思考方法中创新和实验的原则和价值是鼓励开放性的思维和多样性的观点。它强调设计师们勇于尝试和创新，并通过实验和试错的方法不断改进和优化设计方案。这些原则和价值使得设计思考方法成为一个强大的工具，促进创新的产生和发展。

快速原型和迭代是设计思考方法中的重要原则，它能够通过快速制作原型并进行反馈循环，快速验证和改进概念，从而减少风险和成本。

通过原型的制作，设计师们可以迅速验证和改进设计概念。他们可以通过与用户的互动和测试，了解用户对设计的反应和体验，从而指导设计的优化和改进。这种快速的反馈循环有助于及早发现问题和改进方案，减少后期的风险和成本。

快速原型和迭代方法的应用还可以帮助设计师们更好地理解用户需求，并避免错误的设计决策。通过快速制作原型并与用户进行反馈循环，设计师们能够更好地了解用户的期望和需求，从而设计出更贴近用户需求的解决方案。这有助于减少后期的修改和调整，提高设计的准确性和用户满意度。

快速原型和迭代方法还可以帮助设计师们更加灵活地应对变化和不确定性。在快速变化的市场环境中，设计师们需要快速适应和调整设计方案。通过快速原型和迭代的方法，设计师们能够及时收集和应用用户的反馈，不断优化设计方案，以适应变化的需求和市场。快速原型和迭代是设计思考方法中的重要原则。它通过快速制作原型并进行反馈循环，快速验证和改进概念，从而减少风险和成本。这种方法有助于设计师们更好地理解用户需求，及早发现问题和改进方案，并灵活应对变化的市场需求。通过快速原型和迭代的方法，设计师们能够提高设计的准确性和用户满意度，为产品和服务的成功打下坚实的基础。

三、可持续性和社会影响的原则和价值

设计思考方法强调考虑环境、社会和经济的可持续性，以确保产品或服务的长期发展和影响。可持续发展是设计思考方法中的一个重要原则和价值观。

在设计思考方法中，可持续发展意味着设计师们要在设计过程中考虑环境的影响和资源的利用。他们需要思考如何降低产品或服务的环境足迹，减少对自然资源的消耗，并尽量减少对环境的负面影响。设计师们可以通过选择可再生和环保材料、优化能源效率、提倡循环经济等方式来实现可持续发展的目标。

除了环境方面，设计思考方法还强调考虑社会和经济的可持续性。设计师们需要思考产品或服务如何对社会产生积极的影响，如改善生活质量、促进社会公平和包容性等。他们还需要关注产品或服务对社会和经济系统的长期影响，以确保其可持续发展和利益的平衡。

设计思考方法鼓励设计师们以综合的视角来思考和解决问题，不仅关注产品本身的功能和外观，还要考虑其与环境、社会和经济之间的关系。通过在设计过程中融入可持续发展的原则，设计师们可以为可持续未来做出贡献，并促进社会和经济的可持续发展。

思考题

1. 设计思考方法中的可持续性原则和价值是什么？为什么考虑环境、社会和经济的可持续性对产品或服务的长期发展和影响至关重要？

2. 设计思考方法中的社会责任和影响的原则和价值是什么？设计师如何通过设计来推动社会的公正、包容性和可及性？

3. 设计思考方法中关注环境、社会和经济可持续性的方法和策略有哪些？设计师如何通过选择可再生和环保材料、优化能源效率等方式来实现可持续发展的目标？

1.3 设计思考方法的流程

一、问题定义和理解阶段

设计思考方法的问题定义和理解阶段是设计过程中的重要环节。在这个阶段，设计师们需要明确要解决的问题或挑战，并明确目标和期望。这意味着设计师们需要清楚地定义他们所要解决的问题，明确他们希望达到的目标和期望。这有助于设计师们集中精力、指导设计的方向，并为后续的设计工作提供明确的目标。

（一）明确挑战是问题定义和理解阶段的第一步

通过识别和明确要解决的问题或挑战，设计师们能够明确任务的范围和目标。这有助于设计师们将注意力集中在关键问题上，并避免在设计过程中偏离主题。在问题定义和理解阶段，设计师们还需要明确目标和期望。这意味着设计师们需要明确确定他们希望通过设计解决的问题，以及他们希望实现的目标和期望。明确的目标和期望有助于提供指导和方向，并确保设计的成果能够达到设计师和用户的期望。设计思考方法中的问题定义和理解阶段强调明确要解决的问题或挑战，并明确目标和期望。这有助于设计师们集中精力、指导设计方向，并为后续的设计工作提供明确的目标。通过明确挑战和目标，设计师们能够更加有针对性地解决问题，并实现设计的成功。

（二）在设计思考方法中，问题定义和理解阶段的第二步是用户洞察

这一步骤通过观察、访谈、调研等方法，深入了解用户的需求、期望和痛点。在问题定义和理解阶段的用户洞察步骤中，设计师们努力与用户进行深入的互动和了解。通过观察用户的行为、听取他们的声音和观点，以及进行详细的访谈和调研，设计师们能够获取关于用户需求和期望的宝贵信息。

通过用户洞察，设计师们能够深入了解用户的需求、期望和痛点，从而为问题定义和后续的设计工作提供有价值的信息和指导。用户洞察有助于设计师们从用户的角度思考和解决问题，确保设计的解决方案能够真正满足用户的需求和期望。

（三）在设计思考方法中，问题定义和理解阶段的最后一步是问题定义

在这一步中，根据对用户的洞察和对挑战的理解，设计师们需要明确定义具体的设计问题和关键要素。问题定义是确保设计工作具体方向和指导的重要步骤。在问题定义阶段，设计师们将通过用户洞察和对挑战的理解，将模糊的问题转化为明确定义的设计问题。这有助于设计师们更加专注地解决核心问题并提供有针对性的解决方案。

在问题定义阶段，设计师们将结合用户洞察和对挑战的理解，明确定义具体的设计问题和关键要素。这意味着他们将界定问题的范围和目标，并明确问题的核心要素，以

便更好地指导后续的设计工作。

通过明确定义的设计问题，设计师们能够更加专注地解决核心问题，并为解决方案的创新提供具体的方向和指导。问题定义阶段的结果将为设计过程中的进一步创意和解决方案提供明确的基础。在这一步中，设计师们根据用户洞察和对挑战的理解，明确定义具体的设计问题和关键要素。这有助于设计师们更加专注地解决核心问题，并为后续的设计工作提供明确的指导。问题定义阶段的结果将为设计过程中的创意和解决方案提供具体的方向和指导。

二、创意生成和概念开发阶段

在设计思考方法中，创意生成和概念开发阶段是设计过程中的重要环节。

（一）在这个阶段的第一步是创意产生

创意产生是一个寻找新的想法和解决方案的过程。在这个阶段，设计师们运用各种创新技巧和工具，例如头脑风暴、思维导图、关联法等，以激发创造力和多样化思维。设计师们被鼓励放松思维限制，勇于提出各种可能性，不受传统思维模式的限制。在创意产生阶段，数量比质量更为重要。设计师们被鼓励产生大量的创意，而不是过早地筛选或评判它们。这种开放性的创意产生过程有助于激发新的思路和观点，并提供更多的选择空间。

在这个阶段，没有创意被认为是错误或不够好的。每个创意都被看作是一个潜在的机会和资源，可以在后续的阶段进行进一步的探索和发展。通过产生大量的创意，设计师们能够扩展思维的边界，发现新的可能性，并为后续的概念开发提供更多的选择。在这个阶段，设计师们运用创新技巧和工具，鼓励多样化思维，产生大量的创意。这种开放性的创意产生过程有助于激发新的思路和观点，并提供更多的选择空间。通过产生大量的创意，设计师们能够扩展思维的边界，发现新的可能性，并为后续的概念开发提供更多的选择。

（二）在设计思考方法中，创意生成和概念开发阶段的第二步是评估筛选

在这一步中，对创意进行评估和筛选，选择最具潜力的概念进行进一步的开发。评估筛选是一个关键的阶段，它帮助设计师们从众多的创意中识别出最有潜力和可行性的概念。设计师们会对每个创意进行评估，考虑其与问题定义和目标的契合度、创新性、可行性、用户价值等方面的因素。他们会运用各种评估方法和工具，如评分模型、SWOT分析、成本效益分析等，以帮助他们做出明智的决策。在评估筛选阶段，设计师们会将创意与问题定义和目标进行比较，并选择那些最符合要求、最有潜力的概念进行进一步的开发。这些被选择的概念具有创新性、可行性和与用户需求契合度高，有望实现设计的目标并产生积极的影响。

通过评估筛选阶段，设计师们能够确定最具潜力的概念，并将其作为进一步开发的基础。这一步骤有助于提高设计的效率和成功率，确保最有前景的概念得到更深入的开

发和细化。在这一步中,设计师们对创意进行评估和筛选,选择最具潜力和可行性的概念进行进一步开发。他们会考虑概念与问题定义和目标的契合度、创新性、可行性和用户价值等因素,以做出明智的决策。评估筛选阶段有助于提高设计的效率和成功率,并确保最有前景的概念得到更深入的开发和细化。

(三)在设计思考方法中,创意生成和概念开发阶段的最后一步是原型制作

在这一步中,设计师们使用快速原型工具或手工制作,将概念转化为可视化或可操作的原型。原型制作是将概念从抽象的想法转变为具体的形式的过程。通过制作原型,设计师们能够将概念可视化,并将其实际呈现出来。原型可以是低成本、低保真度的模型或样品,旨在传达设计的关键概念和功能。在原型制作阶段,设计师们使用各种工具和技术,例如纸质原型、3D打印、交互式原型软件等,来制作原型。这可以帮助设计师们更好地理解概念的实际表现和用户体验。原型制作可以让设计师们在早期阶段获得用户反馈,以便进行迭代和改进。

通过原型制作,设计师们能够验证概念的可行性和功能性。他们可以将原型展示给利益相关者和用户,以收集他们的意见和建议。这种快速的反馈循环有助于及早发现问题和改进方案,从而提高设计的准确性和有效性。

三、解决方案设计和实施阶段

(一)在设计思考方法中,解决方案设计和实施阶段的第一步是详细设计

详细设计是将原型从概念阶段转化为更具体、更具执行性的设计。设计师们将关注细节,考虑如何最好地实现原型中的功能、交互和用户体验。在详细设计阶段,设计师们着重考虑界面的布局和视觉设计,以及功能的规划和组织。

界面设计是详细设计中的一个重要方面。设计师们将关注如何设计出直观、易用且美观的界面,以提供良好的用户体验。他们会考虑布局、颜色、图标、字体等元素,以确保界面的一致性、可识别性和易于导航。

功能规划也是详细设计的关键内容。设计师们会考虑如何组织和实现各种功能和交互,以满足用户需求和目标。他们会定义各个功能模块的具体要求、输入输出以及逻辑流程,为解决方案的实施提供明确的指导。

在详细设计阶段,设计师们还会考虑其他因素,如技术可行性、可持续性、成本效益等。他们会与开发团队、技术人员和相关利益相关者合作,确保设计的可实施性和可持续性。通过详细设计,设计师们将原型转化为更具体、更具执行性的设计方案。这有助于指导后续的开发和实施工作,确保设计能够按计划和预期实现。在这一步中,设计师们将原型进一步细化和完善,包括界面设计、功能规划等。详细设计关注细节,考虑界面的布局、视觉设计以及功能的规划和组织。设计师们努力确保界面直观、易用且美观,同时考虑功能的组织和实现,以满足用户需求和目标。

（二）在解决方案设计和实施阶段的第二步是用户测试和反馈

用户测试和反馈是非常重要的环节，它帮助设计师们验证和优化他们的设计。通过与真实用户进行互动和观察，设计师们可以了解用户在使用原型时的体验、反应和需求。这些反馈和洞察可以提供有价值的信息，以指导设计的改进和迭代。

在用户测试中，设计师们将邀请一些目标用户来尝试原型，并观察他们的行为和反应。他们可以提供用户任务，观察用户如何与原型进行交互，以评估用户体验的流畅性和效果。同时，设计师们可以与用户进行访谈，主动收集用户的意见、建议和需求。

通过用户测试和反馈，设计师们可以发现潜在的问题和改进的机会。用户的反馈可以帮助设计师们了解用户的真实需求和期望，发现他们可能遇到的困难或痛点。这些洞察能够指导设计的改进和优化，以更好地满足用户的需求。

表 2-2 用户测试反馈表

客户名称			
测试地点		测试时间	
客户经理		工程师	
客户终端	手机□　PC□　终端□	测试方数	方
终端品牌型号			
客户网络环境			
测试情况	测试过程描述		测试问题
竞争对手分析	公司名称	测试情况	优劣势分析
	1.		
	2.		

设计思考方法鼓励设计师们与用户进行频繁的反馈循环，以确保设计的有效性和满意度。通过与用户共同探索和测试原型，设计师们能够更好地理解用户的体验和需求，从而推动设计的持续改进和迭代。通过与用户共同探索原型，获取用户的反馈和洞察，设计师们能够发现问题和改进的机会，以更好地满足用户的需求。用户测试和反馈是设计思考方法中重要的环节，它帮助设计师们验证设计的有效性，推动持续的改进和迭代。

（三）在解决方案设计和实施阶段的最后一步是实施和开发

实施和开发阶段是将设计方案付诸实践的关键阶段。在这个阶段，设计师们将根据设计方案的要求和目标，开始制作、建造或开发实际的产品或服务。这可能涉及软件开发、产品制造、服务的部署等具体的实施过程。

在实施和开发阶段，设计师们与开发团队、技术人员和其他利益相关者紧密合作，确保设计方案的顺利实施。他们会进行项目管理、资源分配和进度控制，以确保项目按计划进行。同时，设计师们也会与相关利益相关者进行沟通和协调，确保设计方案的实施符合他们的期望和需求。这包括与开发团队、业务部门、市场营销人员和用户进行沟通，解释设计的理念和目标，并获取他们的反馈和意见。

在实施和开发阶段，设计师们还需要进行测试和质量控制。他们会对产品或服务进行测试，确保其符合设计要求和预期效果。这包括功能性测试、用户体验测试、性能测试等，以确保产品或服务的质量和可靠性。在实施和开发阶段，设计师们会跟踪和评估项目的进展和结果。他们会与团队成员、利益相关者和用户进行反馈和回顾，以获取进一步的改进和优化的机会。

四、评估和迭代阶段

（一）评估成果

在这一步中，设计师们通过用户反馈、市场反应、数据分析等方式，对设计的成果和效果进行评估。评估成果是设计思考方法中非常重要的一步，它有助于了解设计方案的实际效果以及与预期目标的符合程度。通过评估成果，设计师们可以获取有价值的信息，以指导后续的改进和迭代。

在评估成果阶段，设计师们会收集和分析用户的反馈和意见。他们可以进行用户调研、用户访谈、用户测试等活动，以了解用户对设计的感受、满意度和需求。这些用户反馈可以提供宝贵的洞察，帮助设计师们了解设计的强项和改进的潜在领域。此外，设计师们还会关注市场的反应和数据分析。他们会考察市场上竞争产品或服务的表现，了解用户的偏好和行为变化，以评估设计的竞争力和市场反应。同时，设计师们还会利用数据分析来了解用户的使用数据、行为数据等，以更全面地评估设计的成果和效果。

（二）反思和学习

在这一步中，设计师们总结经验教训，发现改进的机会，为未来的设计过程提供反思和学习。反思和学习是设计思考方法中非常重要的一步，它帮助设计师们从过去的设计经验中汲取教训，并为未来的设计过程提供指导和改进的机会。

在反思和学习阶段，设计师们会回顾整个设计过程，包括问题定义、创意生成、概念开发、实施和开发等阶段。他们会评估设计的成功和挑战，分析设计决策的有效性和结果。

设计师们会反思设计过程中的优点和不足，发现改进的机会和潜在的问题。他们会思考如何更好地满足用户需求、提高用户体验，并加强与利益相关者的合作和沟通。通过反思和学习，设计师们可以不断改进和提高设计的质量和效果。

通过反思和学习，设计师们能够不断提高自身的设计能力和专业素养。他们能够发现设计过程中的盲点和改进的空间，并在未来的设计项目中应用所学。反思和学习是设计思考方法中持续改进和创新的关键环节，它为设计师们提供了反思和学习的机会，以不断提升设计的质量和价值。

（三）迭代优化

在这一步中，根据评估和反思的结果，设计师们对设计方案进行优化和改进，不断迭代和完善。迭代优化是一个循环的过程，设计师们根据评估和反思的结果，对设计方案进行调整和改进，然后再次进行评估和反思，不断重复这个过程。

通过迭代优化，设计师们能够不断改进和提升设计的质量和效果。他们根据评估和反思的结果，识别出设计中存在的问题、挑战和改进的机会。然后，他们会针对这些问题和机会，进行调整、修改和优化设计方案。

在迭代优化过程中，设计师们可以采用不同的方法和工具，如快速原型制作、用户测试、团队讨论等，以验证和改进设计。他们会根据用户的反馈和需求，优化界面设计、功能实现、用户体验等方面。

迭代优化是一个持续不断的过程，设计师们会不断地反思、学习和改进设计方案。他们会不断收集用户的反馈和意见，分析市场的变化和趋势，以及关注技术的发展。这样，设计师们能够根据不断变化的需求和环境，灵活调整和改进设计，以保持设计的有效性和竞争力。

通过迭代优化，设计师们能够不断提高设计的质量、用户体验和市场竞争力。他们能够在设计过程中不断学习和成长，以应对不断变化的设计挑战。迭代优化是设计思考方法中持续改进和创新的关键环节，它为设计师们提供了持续改进和创新的机会，以不断提升设计的质量和价值。

思考题

1. 设计思考方法中的解决方案设计和实施阶段包括哪些步骤？在这个阶段，设计师们应该如何进行详细设计和实施开发？

2. 评估和迭代阶段在设计思考方法中的作用是什么？在评估和迭代阶段，设计师们应该如何对设计成果进行评估和反思，并进行优化和改进？

3. 在设计思考方法的流程中，每个阶段的重要性是怎样的？这些阶段之间的关系如何？

单元二　设计思考方法的工具和技术

> **学习目标**
>
> 1. 理解创意准备和创意环境营造的重要性，能够定义挑战和目标，组建多样化的创意团队，创造积极的创新氛围。
> 2. 掌握创意生成的方法和工具，包括头脑风暴、角色扮演、反转思维、联想法和思维导图等，能够应用这些方法激发多样化的创意。
> 3. 理解创意评估和筛选的重要性，能够综合考虑创意的独特性、可行性和可实施性等维度，运用评估工具和方法进行创意评估和筛选。

2.1　设计思考工具和方法

一、创意激发和收集工具

（一）头脑风暴

头脑风暴是一种集体讨论和自由发散的方法，旨在鼓励团队成员自由地提出各种想法和创意。在头脑风暴中，没有任何限制或批判，每个人都可以自由表达自己的想法，无论是多么奇怪或不寻常。

头脑风暴的目的是产生大量的创意，并鼓励跳出常规思维的限制。通过集思广益，团队成员可以相互启发和激励，从而促进创意的产生。在头脑风暴中，设计师们可以使用不同的方法，如思维导图、关联法、角色扮演等，以激发创造力和多样化思维。

（二）思维导图

思维导图是一种有助于组织和展示想法的工具。它通过将主题放在中心，然后延伸出各种关联的分支，帮助团队成员在头脑风暴中整理和连接想法。

模块二 设计思考方法及其应用

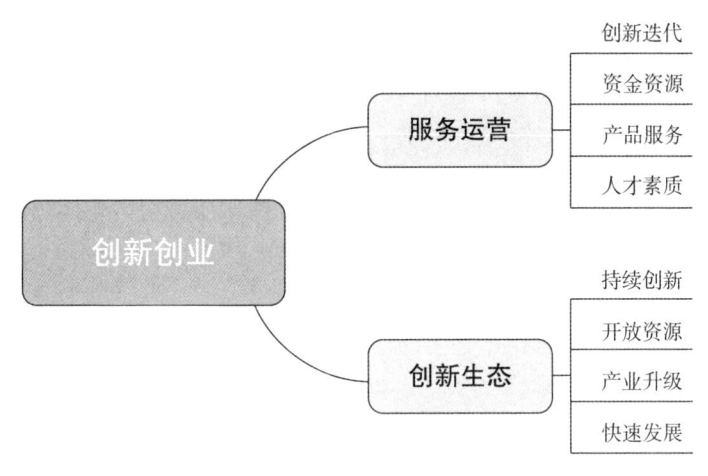

图 2-3 思维导图样例

（三）关联法

关联法是通过将不同的概念或事物联系在一起，找到它们之间的关联和相互作用。通过寻找不同领域的联想，设计师们可以激发创意和新的视角。

（四）角色扮演

角色扮演是通过扮演不同的角色，以体验和理解用户的需求和行为。通过模拟用户的角色和情境，设计师们可以更好地了解用户的体验和需求，从而产生更贴切的创意。通过使用这些创意激发和收集工具，设计师们能够在头脑风暴中产生大量的创意和想法。这些创意可以作为后续设计过程的素材，帮助设计师们发展具有创新性和实用性的解决方案。

在设计思考方法中，关联思维是一个有效的创意激发和收集工具。它通过找到事物之间的联系和关联，触发新的创意和解决方案。

（五）反向思考

反向思考是一个有效的创意激发和收集工具。它通过从相反的角度思考问题，寻找非传统的解决方案。反向思考是一种破除常规思维模式的方法。它要求设计师们将问题从相反的角度来思考，挑战传统的观点和假设。通过这种方式，设计师们能够发现新的视角和可能性，为创意生成提供更多的选择。

通过反向思考，设计师们能够打破常规思维的限制，挑战传统的观点和假设，从而产生非传统的创意和解决方案。反向思考可以帮助设计师们跳出常规思维的束缚，发现新的视角和可能性。反向思考的优势在于它能够激发创新和突破传统的解决方案。通过从相反的角度思考问题，设计师们可以发现非传统的解决方案，带来新的想法和创意。这种方法可以打破常规思维的局限性，激发设计师们的创造力和创新能力。它帮助设计师们超越常规思维模式，从不同的角度审视问题，找到独特的解决方案。

二、用户洞察和反馈工具

（一）访　谈

在设计思考方法中，用户洞察和反馈工具是帮助设计师们获取用户洞察和反馈的重要工具。其中之一是访谈。

访谈是一种与用户进行面对面交流的方法。通过访谈，设计师们可以直接与用户沟通，深入了解他们的需求、期望和体验。访谈可以提供更深入的信息和见解，帮助设计师们更好地理解用户的心理和动机。

前期准备 → 访谈过程中 → 访谈结束后

- ·明确访谈目的
- ·招募访谈对象
- ·确定访谈大纲

- ·开场白
- ·访谈话术
- ·结束语

- ·记录整理
- ·输出文档/报告
- ·用户回访

图 2-4　有效访谈的流程

（二）用户旅程图

在设计思考方法中，用户洞察和反馈工具之一是用户旅程图。用户旅程图通过绘制用户在特定情境下的行为和情感变化，帮助设计师们识别用户的痛点和改进机会。用户旅程图是一个可视化工具，用于展示用户在与产品或服务互动的过程中的各个阶段和情感状态。它可以帮助设计师们更好地理解用户的体验和需求。通过绘制用户旅程图，设计师们可以详细描述和可视化用户在特定情境下的行为、思考和情感变化。他们可以标识出用户的关键触点、痛点和愉悦点，进一步了解用户体验中的问题和机会。

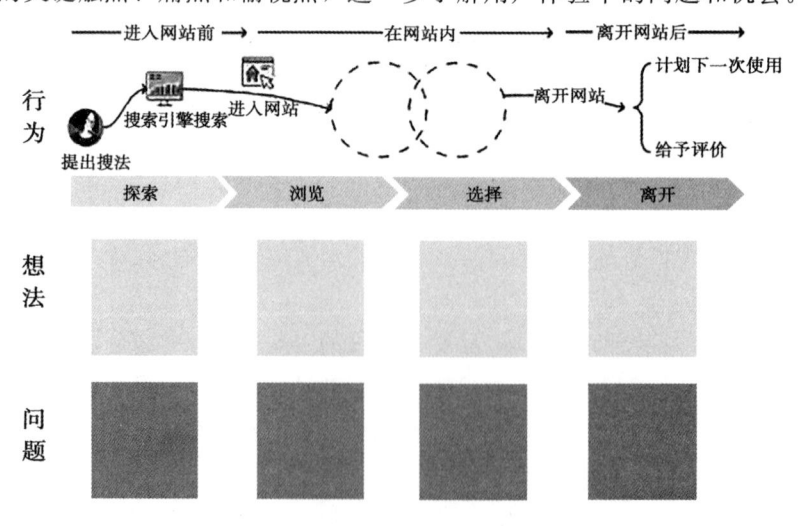

图 2-5　设计网站中的用户旅程图

通过用户旅程图,设计师们可以识别出用户在整个旅程中面临的挑战和困难,从而找到改进和优化的机会。他们可以根据用户旅程图中的关键触点,思考如何提供更好的解决方案和体验,以满足用户的需求和期望。

(三)用户画像

在设计思考方法中,用户画像是一种有效的用户洞察和反馈工具。它通过总结用户研究数据,创建用户的典型画像,帮助设计团队更好地理解用户。

用户画像是对目标用户群体的描述和概括。通过收集和分析用户研究数据,设计师们可以了解用户的特征、需求、行为和偏好。然后,他们将这些信息整理成用户画像,形成具体的用户形象。

用户画像通常包括用户的基本信息,如年龄、性别、地理位置等,以及更深入的特征,如兴趣、目标、价值观等。设计师们还会考虑用户的使用场景、购买决策过程、使用习惯等方面,以更全面地描述用户。

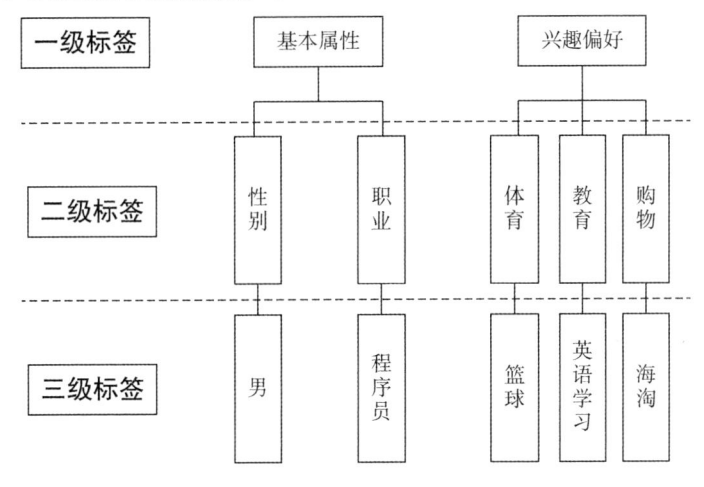

图 2-6 用户画像样例

通过创建用户画像,设计团队能够更好地理解用户的需求、期望和行为。这有助于设计师们在设计过程中更加关注用户体验,确保设计的解决方案能够满足用户的需求和期望。

三、快速原型和迭代工具

(一)纸质原型

纸质原型是通过手工绘制和剪贴的方式,快速制作出低保真度的原型,用于测试和获取用户反馈。

纸质原型是一种简单且经济高效的原型制作方法。设计师们可以使用纸张、卡片、便签等材料,根据设计需求手工绘制和剪贴出原型的各个元素。这些元素可以是界面的组件、标注的文本或者其他交互元素。通过将这些元素组合在一起，设计师们可以在纸上模拟出产品或服务的布局、功能和交互流程。

纸质原型的优势之一是快速制作和修改的能力。由于使用简单的材料和工具，设计师们可以迅速制作出原型，并根据需要进行修改和调整。这使得纸质原型非常适合快速迭代和快速反馈的需要。设计师们可以根据测试和用户反馈的结果，快速调整和改进纸质原型，以不断优化设计。

纸质原型还具有低成本和易于理解的特点。相比于高保真度的原型制作工具，纸质原型所需的成本较低，也不需要特殊的技术或软件支持。此外，纸质原型的简洁和直观的形式使得用户和利益相关者更容易理解和提供反馈。

（二）数字原型

数字原型工具利用设计软件或在线原型工具，创建交互式的数字原型，可以更贴近实际产品的体验。

数字原型工具提供了一种创建高保真度原型的方式，使设计师们能够更准确地模拟产品或服务的外观、功能和交互体验。这些工具通常提供丰富的界面元素、交互组件和动画效果，使设计师们能够创建交互式的原型，模拟用户与产品的实际交互过程。

使用数字原型工具，设计师们能够通过链接页面、添加交互元素和动态效果等方式，模拟用户与产品的实际交互流程。设计师们可以通过点击、滑动、填写表单等操作，展示产品或服务的功能和交互细节，让用户能够更好地理解和体验设计的概念。

通过使用数字原型工具，设计师们能够更快速地创建原型，与用户进行交互测试，并进行迭代和优化。相比于传统的纸质原型，数字原型具有更高的保真度和交互性，能够更真实地模拟最终产品的体验。数字原型工具提供了丰富的界面元素和交互组件，帮助设计师们模拟用户与产品的实际交互过程，并通过团队协作和反馈循环进行迭代和优化。这些工具能够加快原型制作的速度，提高原型的保真度和交互性，从而有效地支持设计的快速迭代和优化。

（三）3D 打印和物理模型

3D 打印是一种先进的技术，可以将数字设计模型转化为实际的物理对象。设计师们可以使用 3D 建模软件创建产品的数字模型，然后将其发送到 3D 打印机进行打印。通过 3D 打印，设计师们可以快速制作出具有准确形状和细节的物理模型。这些模型可以帮助设计师们更好地理解产品的外观、尺寸和比例，以及与之交互时的感觉和体验。

另一种方式是手工制作物理模型。设计师们可以使用不同的材料和工具，如纸张、塑料、木材等，来制作产品的物理模型。通过手工制作，设计师们可以更直接地感受和评估产品的形状、质感和功能。他们可以通过触摸、旋转、操作等方式，模拟用户与产品的实际交互过程，从而获得更深入的了解和反馈。

四、反馈收集和分析工具

(一) 用户测试和访谈

用户测试是一种通过与用户进行互动和观察，收集他们在使用产品或服务过程中的反馈和意见的方法。设计师们可以设计一系列任务或场景，要求用户完成这些任务，并观察他们的行为和反应。通过用户测试，设计师们可以了解用户在使用过程中遇到的问题、困难以及对设计的满意度和建议。

访谈是一种与用户面对面交流的方法，通过提问和对话，设计师们可以收集用户的反馈和意见。访谈可以是结构化的，按照一套预订的问题进行；也可以是半结构化的，根据用户的回答和反馈进行深入的追问。通过访谈，设计师们可以深入了解用户的需求、期望、偏好和体验，从而指导后续设计的改进和优化。

通过用户测试和访谈，设计师们可以获取用户的真实反馈和意见。这些反馈可以帮助设计师们了解用户的需求和期望，发现问题和改进的机会。设计师们可以根据收集到的反馈和意见，进行分析和整理，提取出有价值的信息，以指导设计的改进和优化。在进行用户测试和访谈时，设计师们需要注意以下几点：

1. 设计明确的目标和任务：确保测试和访谈的目标清晰明确，设计师们需要确定测试和访谈的目的以及要收集的具体信息。设定明确的任务和场景，以便用户能够有针对性地提供反馈和意见。

2. 选择合适的参与者：设计师们需要选择与目标用户群体相匹配的参与者进行测试和访谈。参与者应具备与设计相关的经验、知识或需求，以确保收集到的反馈和意见具有代表性和可靠性。

3. 提供舒适和开放的环境：在测试和访谈过程中，设计师们需要为参与者提供一个舒适和开放的环境。这样可以帮助参与者更自然地表达他们的想法和意见，从而获得更真实和有价值的反馈。

4. 使用合适的工具和技术：在进行用户测试和访谈时，设计师们可以选择合适的工具和技术来记录和分析数据。这可以包括录音、视频记录、笔记和观察记录等，以便后续对数据进行分析和整理。

5. 分析和整理数据：设计师们需要对收集到的反馈和意见进行分析和整理，提取出关键信息和问题。这可以帮助设计师们发现用户的需求和痛点，为后续的设计决策提供指导和依据。

(二) 原型评估表和量表

原型评估表是一种工具，用于收集用户对原型的定性反馈。它通常包含一系列问题或指标，设计师们可以根据原型的特点和目标来制定。用户通过填写评估表，可以提供关于原型的各个方面的意见和评价，如易用性、功能性、可视化等。这些反馈可以帮助设计师们了解用户对原型的感受和看法，从而指导原型的改进和优化。

量表是一种用于收集用户对原型的定量反馈的工具。量表通常包含一系列评价指标，用户可以根据指标的程度或满意度进行评分。这些指标可以涵盖不同方面，如用户体验、可用性、满意度等。通过量表，设计师们可以获得对原型在不同指标上的用户评价，以及对比不同原型或设计选择的数据支持。

利用原型评估表和量表，设计师们可以收集到更具体和系统化的用户反馈。这些工具可以帮助设计师们更全面地了解用户对原型的认知和评价，从而评估原型的质量和效果。通过分析评估表和量表的数据，设计师们可以发现潜在的问题和改进的机会，以优化原型设计。

（三）数据分析工具

在设计思考方法中，数据分析工具是帮助设计师们对收集到的数据进行整理、分析和可视化的重要工具。这些工具可以帮助设计师们提取洞察和发现，从数据中获取有价值的信息。

数据分析工具可以包括各种软件和技术，如电子表格软件、统计分析软件、数据可视化工具等。设计师们可以使用这些工具对收集到的数据进行整理和清洗，进行统计分析和计算，以及创建可视化图表和图形。

通过数据分析工具，设计师们可以发现数据中的模式、趋势和关联。他们可以对数据进行统计分析，计算平均值、标准差、相关性等指标，以帮助理解数据的含义和背后的趋势。同时，设计师们也可以通过数据可视化，将数据呈现为图表、图形或地图等形式，使数据更易于理解和解读。

数据分析工具对设计师们的决策和优化提供了有力的支持。通过分析数据，设计师们可以发现用户的行为模式、需求变化和偏好，从而指导设计的决策和调整。同时，数据分析也可以帮助设计师们评估设计的效果和成果，判断设计的成功程度并提供改进的方向。

通过灵活运用这些工具和方法，设计团队能够更好地激发创意、了解用户需求、快速迭代和优化设计方案，最终实现创新和提升用户体验。

思考题

1. 在设计思考过程中，用户测试和访谈的作用是什么？请举例说明设计师如何通过用户测试和访谈来收集用户的反馈和意见，并指导设计的改进和优化。

2. 为什么原型评估表和量表在设计思考中很重要？请举例说明设计师如何利用原型评估表和量表来收集用户对原型的反馈和评价，并评估原型的质量和效果。

3. 数据分析工具在设计思考中的作用是什么？请举例说明设计师如何利用数据分析工具对收集到的数据进行整理、分析和可视化，从中获取有价值的信息并指导设计的决策和优化。

2.2 用户研究和用户画像

一、研究目标和方法选择

在设计思考方法中,确定研究目标是非常重要的,它帮助设计师明确要了解的用户需求、行为和偏好等方面的目标。确定研究目标时,设计师们需要考虑以下几个方面:

(一)定义研究问题

设计师们需要明确要解决的问题或面临的挑战。通过定义研究问题,设计师们可以明确研究的方向和目标,以便更有针对性地进行研究。

(二)界定目标用户群体

设计师们需要确定研究的目标用户群体。这可以根据产品或服务的定位和目标受众来确定。不同的用户群体可能有不同的需求、行为和偏好,因此明确目标用户群体对于研究的深入和准确是十分重要的。

(三)确定研究的关注点

在进行研究时,设计师们需要明确要关注的具体方面。这可以包括用户需求、用户行为、用户偏好、用户体验等。通过确定关注点,设计师们可以更加有针对性地进行研究,从而获得更具深度和洞察力的结果。

(四)设定研究目标和问题

在确定研究目标时,设计师们需要明确要了解的具体内容。这可以包括用户的需求和期望、用户对产品或服务的使用行为、用户对设计的满意度等。通过设定明确的研究目标和问题,设计师们可以更有针对性地选择合适的研究方法和工具,并收集到与目标相关的数据和信息。

在设计思考方法中,选择适当的研究方法是十分重要的。根据研究目标,选择合适的研究方法可以帮助设计师们获取准确、有针对性的数据和信息。在选择研究方法时,设计师们可以考虑以下几个因素:

1. 研究目标:明确研究的目标是什么,要了解的是用户的需求、行为、偏好还是其他方面的内容。不同的研究目标可能需要不同的方法来收集相应的数据。

2. 数据类型:确定需要收集的数据类型是定性还是定量数据。定性数据是描述性的,可以通过访谈、观察等方法收集;定量数据是数值化的,可以通过问卷调查、用户测试等方法收集。

3. 时限和资源:考虑研究的时间和资源限制。某些研究方法可能需要更多的时间和资源,而其他方法则可能更加快速和经济高效。

根据研究目标和数据类型的考虑,设计师们可以选择最适合的研究方法来收集数据和信息。不同的研究方法有不同的优势和适用场景,设计师们应根据具体情况进行选择。

二、数据收集和分析

当设计产品或解决问题时，数据收集和分析是非常重要的一部分。在设计思考方法中，像我们之前反复提到的一样，访谈和观察是两种常用的数据收集和分析方式，它们可以帮助我们深入了解用户的需求、行为和反馈。

（一）访谈注意事项

首先，预先准备好问题清单：访谈前，设计者需要制定一系列问题，以引导讨论并获取有用的信息。其次，倾听和观察：在访谈过程中，设计者应该倾听和观察用户的言语、表情、姿态等非语言信号，以获取更多的洞察。最后，鼓励开放性回答：设计者应该避免提问过于封闭的问题，鼓励用户提供详细和自由的回答。

（二）观察注意事项

首先，选择观察场景和参与者：设计者需要选择符合研究目的的观察场景，并确定参与观察的用户群体。其次，记录和分析观察数据：设计者可以使用记录设备（如摄像机、录音机）来记录观察数据，并在后期进行分析和总结。观察数据可以包括用户的行为、反应和环境因素等。

（三）数据分析注意事项

首先，需要对收集到的数据进行整理和清洗。其次，在进行数据分析时，可以运用一系列方法和工具来提取关键洞察和模式。最后，需要注意选和提取关键的洞察和模式，以支持设计决策和问题解决。数据分析在设计思考中起着重要的作用，它帮助设计者更好地理解用户，发现问题和机会，并基于数据提供有针对性的解决方案。然而，数据分析也需要谨慎处理，避免过度解读和误导性的结论。设计者应该结合自身的专业知识和判断力，综合考虑数据分析的结果和其他信息，以做出准确和可行的设计决策。

三、用户画像的创建

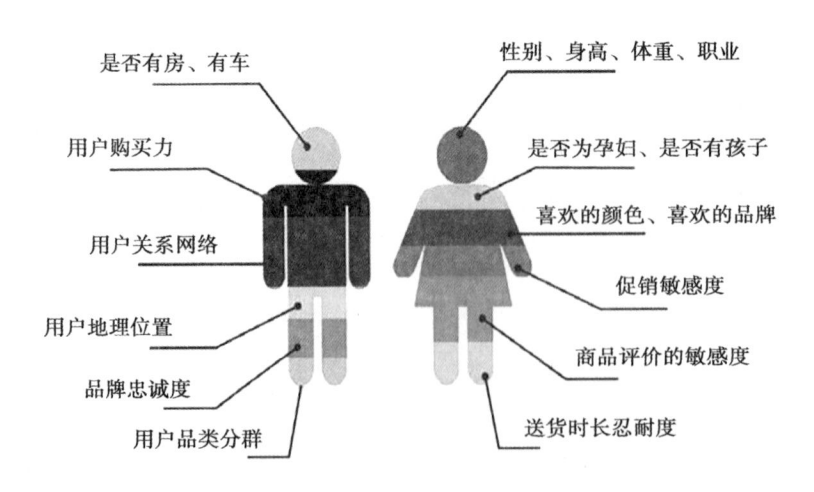

图 2-7　电商用户画像建立

在设计思考方法中,用户画像的创建是非常重要的,它帮助设计者更好地理解用户,并为他们提供有针对性的解决方案。其中,数据归纳和总结是用户画像创建过程中的关键步骤,它们可以帮助我们整理和概括用户研究的结果,以获得更清晰和准确的用户特征、需求和行为等信息。数据归纳和总结在用户画像的创建中有下面几个作用。

(一)数据归纳

数据归纳是将用户研究收集到的大量数据进行整理和分类的过程。

以下是一些常见的数据归纳方式。整理数据:将收集到的各种数据形式(如访谈记录、观察记录、问卷数据等)进行整理,以便后续的分析和总结;数据分类:根据数据的特点和内容,将数据进行分类,如用户的个人信息、需求、偏好、行为等;数据标记:对数据进行标记和注释,以便后续的数据分析和用户画像的创建。

(二)数据总结

数据总结是根据归纳的数据进行概括和总结,以获取用户的关键特征、需求和行为等信息。

以下是一些常见的数据总结方法。关键特征提取:从归纳的数据中提取用户的关键特征,如年龄、性别、职业、兴趣爱好等;需求识别:根据用户研究的结果,分析和总结用户的需求,了解他们的问题、期望和痛点;行为模式分析:通过分析用户的行为数据,总结他们的习惯、偏好和行为模式,揭示用户的行为动机和决策过程。

(三)用户画像的创建

在数据归纳和总结的基础上,设计者可以开始创建用户画像。用户画像是对目标用户群体的抽象描述,它包含用户的关键特征、需求、行为和心理等方面的信息。

以下是一些用户画像创建的关键要素。人物形象:为用户画像赋予一个具体的人物形象,以便更好理解和沟通;描述性特征:描述用户的关键特征,如年龄、性别、教育背景、职业等;需求和目标:概括用户的主要需求和目标,了解他们的期望和问题;行为习惯:总结用户的典型行为习惯和决策模式,帮助设计者更好地预测用户行为和反应。

通过数据归纳和总结,我们能够更好地理解用户,为他们设计出更符合他们需求和期望的产品和服务。然而,需要注意的是:用户画像是一个动态的概念,应该随着用户研究的深入和产品的迭代而不断更新和完善。设计者应该保持对用户的持续观察和理解,以确保用户画像的准确性和实用性。

在设计思考方法中,用户画像的创建是一项关键任务。用户画像是基于数据归纳和总结的结果,用于描述用户的特点、需求和偏好等。通过用户画像,设计者可以更好地理解目标用户,为他们提供有针对性的解决方案。

创建用户画像时,设计者需要保持客观和全面的态度,同时结合自身的专业知识和经验。用户画像应该是一个动态的概念,随着用户研究的深入和产品的迭代而不断更新和完善。通过不断优化用户画像,设计者可以更好地理解用户需求和行为,提供更符合用户期望的产品和服务。

> **思考题**
>
> 1. 在进行访谈时,为什么需要准备问题清单、倾听和观察用户的非语言信号,并鼓励开放性回答?有哪些技巧可以帮助设计者进行有效的访谈?
>
> 2. 在进行用户研究时,为什么需要明确研究目标和选择合适的研究方法?请你举例说明设计师应该如何根据研究目标和数据类型选择合适的研究方法,并收集相关的数据和信息。
>
> 3. 在用户画像的创建中,数据归纳和总结为什么重要?请举例说明设计师应该如何将收集到的用户研究数据进行整理和分类,并从中提取关键特征、需求和行为等信息。
>
> 4. 用户画像的创建在设计思考中的作用是什么?请举例说明设计师应该如何根据数据归纳和总结的结果,创建具有描述性特征、需求和行为习惯的用户画像,并如何将用户画像应用于产品和服务的设计过程中。

2.3 创意生成和头脑风暴

一、创意准备和氛围营造

(一)定义挑战和目标

这一步骤的目的是明确要解决的问题或挑战,并设定明确的创意目标,为创意过程提供明确的方向和焦点。

1. 确定挑战和问题:在创意准备和氛围营造的第一步中,设计者需要明确要解决的挑战或问题。这可以是一个具体的问题、一个改进的机会,或者一个需要创新解决方案的挑战。通过明确挑战,设计者能够将创意过程聚焦在实际问题上,并为团队成员提供明确的方向。

2. 设定创意目标:设定创意目标是明确创意过程的目标和期望。创意目标应该与挑战或问题紧密相连,并为团队提供一个明确的目标,以便激发创意思维和指导创意生成。创意目标可以是具体的解决方案、创新产品或服务的特定特征,或者对用户体验的改进。

3. 提出关键问题:在定义挑战和目标的过程中,设计者可以提出一系列关键问题。这些问题有助于深入了解挑战的本质、影响因素和潜在解决方案。通过提出关键问题,设计者能够引导团队的思考和讨论,激发创意的产生和探索。

4. 创造性思考:一旦挑战和目标明确,设计者可以引导团队展开创造性思考。这可以通过使用创意工具和技术,如头脑风暴、思维导图、角色扮演等来实现。通过创造性思考,团队可以产生大量的创意和解决方案,为解决挑战提供多样化的选择。

通过定义挑战和目标,设计者能够为创意过程提供明确的方向和焦点。这有助于团队成员更有针对性地进行创意生成和解决方案的探索。同时,明确的挑战和目标也有助于衡量创意的质量和可行性，并为后续的设计和实施提供参考。因此，在设计思考过程中，定义挑战和目标是一个重要的第一步，为创意过程的成功奠定了坚实的基础。

（二）创意团队的组建

这一步骤的目的是组建一个多样化的团队，包括不同领域的专业人士和不同角色的参与者。通过多样化的团队组建，可以为创意过程带来不同的视角、经验和创造力，促进创意的生成和创新的发展。

1. 多样化的团队组成：在创意团队的组建过程中，设计者应该努力实现多样化。这包括不同领域的专业人士，如设计师、工程师、市场营销专家、用户研究员等。此外，还可以包括不同角色和背景的参与者，如决策者、用户、利益相关者等。多样化的团队成员可以为创意过程带来不同的知识、技能和观点，促进创意的多样性和创新的发展。

2. 强调团队合作和协同：创意团队的成功离不开团队合作和协同。设计者应该鼓励团队成员之间的积极互动和合作，建立良好的沟通和协作机制。通过共享经验、观点和创意，团队成员可以相互启发和补充，促进创意的共同生成和发展。

3. 培养创造性氛围：创意团队的氛围对创意的产生和发展起着重要作用。设计者应该创造一个积极、开放和鼓励创新的氛围。这可以通过提供支持和鼓励团队成员尝试新想法、表达观点和提出问题来实现。此外，设计者还可以组织创意活动、工作坊和团队建设活动，以激发团队的创造力和创新思维。

4. 保持灵活性和包容性：在创意团队组建过程中，设计者应该保持灵活性和包容性。这意味着要充分尊重和接纳团队成员的不同观点和意见，鼓励他们敢于提出和探索新的创意和解决方案。同时，要灵活应对团队成员的需求和工作方式，为他们提供合适的支持和资源。

通过多样化的团队组建，设计者可以为创意过程引入多元化的视角和创造力，促进创意的生成和创新的发展。多样化的团队成员可以共同探索问题、挑战现状，并为解决方案提供不同的观点和创意。因此，在设计思考过程中，创意团队的组建是一个重要的环节，为创意过程的成功和创新的实现奠定了坚实的基础。

（三）创意环境的营造

这一步骤的目的是创造一个积极、开放、鼓励创新和分享的氛围，以鼓励团队成员自由表达和贡献创意。通过创意环境的营造，可以激发团队成员的创造力和创新思维，促进创意的产生和发展。

1. 提供支持和鼓励：在创意环境的营造中，设计者应该提供支持和鼓励团队成员。这包括鼓励团队成员尝试新想法、表达观点和提出问题。设计者应该在团队中树立开放和包容的态度，鼓励团队成员敢于冒险、面对挑战，并提供必要的资源和支持。

2. 倡导创新文化：创意环境的营造需要倡导创新文化。这意味着鼓励团队成员思考创新、尝试新方法，并从失败中学习。设计者应该传达创新的重要性和价值，并为团队成员提供一个安全的环境，让他们敢于冒险和探索新的创意和解决方案。

3. 提供创意工具和方法：为了促进创意的产生和发展，设计者可以提供各种创意工具和方法。这包括头脑风暴、思维导图、角色扮演等创意工具，以及创意技术和方法，如反转思维、联想法等。设计者应该培训团队成员使用这些工具和方法，并鼓励他们在创意过程中灵活运用。

4. 营造共享和协作的氛围：创意环境需要促进共享和协作。设计者应该鼓励团队成员分享自己的创意和观点，同时也鼓励团队成员之间的合作和互动。通过共享和协作，团队成员可以相互启发和补充，推动创意的共同生成和发展。

5. 建立创意激励机制：为了激励团队成员的创意贡献，设计者可以建立创意激励机制。这可以包括奖励制度、表彰和认可，以及提供机会参与有意义的创意项目。通过建立创意激励机制，设计者可以增强团队成员的积极性和主动性，推动创意的不断涌现。

通过创意环境的营造，设计者可以激发团队成员的创造力和创新思维，促进创意的产生和发展。创意环境应该是积极、开放、鼓励创新和分享的，为团队成员提供一个自由表达和贡献创意的平台。创意环境的营造需要设计者的引导和支持，以及团队成员的积极参与和合作。通过创意环境的营造，设计团队可以充分发挥创意潜力，为解决问题和创新提供有力的支持。

二、创意生成

在设计思考方法中，创意生成是一个关键的环节，它涉及运用各种创新技巧和工具，激发多样化的思维。通过多样化的思维方法，可以帮助设计者和团队成员突破传统思维模式，探索新的创意和解决方案。以下是几种常用的生成创意的方法：

（一）头脑风暴

头脑风暴是一种常用的创意生成技巧，它通过集体讨论和自由表达，激发团队成员的创意思维。在头脑风暴中，团队成员可以自由提出各种想法、观点和解决方案，鼓励大胆和不受限制的创意产生。这种方法能够激发团队成员的联想能力和创新思维，为创意的生成提供丰富的资源。

（二）角色扮演

角色扮演是一种创意生成方法，通过扮演不同的角色，帮助团队成员从不同的视角思考问题。通过角色扮演，团队成员可以体验不同的角色需求、行为和观点，从而激发出多样化的创意。这种方法有助于打破常规思维，促进创意的多样性和创新的发展。

（三）反转思维

反转思维是一种创意生成技巧，通过反向思考问题，挑战常规的假设和观念。在反转思维中，团队成员被要求以相反的角度思考问题，提出相反的观点和解决方案。这种方法有助于打破固有的思维模式，激发出与众不同的创意和新颖的解决方案。

（四）联想法

联想法是一种创意生成方法，通过联想和关联不同的概念和想法，产生新的创意。在联想法中，团队成员被要求将一个概念或想法与其他看似不相关的概念或想法联系起来，从而创造出新的关联和可能性。这种方法有助于提供新的视角和启发，促进创意的多样性和创新的发展。

（五）思维导图

思维导图是一种图形化的创意生成工具，通过将主题或问题放在中心，然后延伸出关联的分支和子主题，帮助团队成员展开关联性思考。思维导图可以帮助团队成员将想法和概念可视化，并建立起它们之间的关联和层次。这种方法有助于激发创意的联想和探索，促进多样化思维的产生。

通过运用多样化的思维方法，设计者和团队成员可以突破传统思维模式，激发创意的多样性和创新的发展。这些思维方法可以帮助团队成员从不同的角度思考问题，联想和关联不同的概念，从而产生丰富多样的创意和解决方案。在创意生成过程中，设计者应该根据具体的问题和团队成员的特点选择合适的思维方法，并为团队提供必要的支持和指导，以促进创意的产生和发展。

三、创意评估和筛选

在设计思考方法中，创意评估和筛选是一个关键的环节，它涉及对生成的创意进行评估，考虑其独特性、可行性、可实施性等方面的质量。通过创意评估和筛选，设计者和团队可以选择最有潜力和价值的创意进行进一步的发展和实施。下面我们将详细介绍创意评估和筛选的重要性和相关的实施方法。

（一）评估创意独特性

评估创意的独特性是创意评估和筛选中的一个重要方面。设计者和团队应该考虑创意与现有解决方案的差异和创新程度。一个独特的创意有可能带来新的价值和竞争优势，因此评估创意的独特性对于确定最有潜力的创意至关重要。

（二）考虑可行性和可实施性

在创意评估和筛选过程中，设计者和团队还应该考虑创意的可行性和可实施性。创意的可行性指的是创意在技术、资源和时间等方面的可操作性和可实现性。设计者和团队应该评估创意是否能够在现有条件下得以实施，并满足项目的目标和要求。

（三）综合多个评估维度

创意评估和筛选应该综合考虑多个维度。除了独特性、可行性和可实施性之外，还可以考虑创意的创新性、用户价值、市场潜力、可持续性等方面。通过综合多个评估维度，可以全面地评估创意的质量和潜力，为进一步的发展和实施提供依据。

（四）利用评估工具和方法

在创意评估和筛选过程中，设计者和团队可以利用各种评估工具和方法。这包括评分表、评估矩阵、SWOT 分析、利弊分析等。这些工具和方法可以帮助设计者和团队系统地评估创意的质量，并比较不同创意之间的优缺点，以做出明智的选择和决策。

（五）参考用户的反馈和需求

在创意评估和筛选过程中，设计者和团队还可以参考用户的反馈和需求。通过用户研究和用户测试，收集用户对创意的反馈和意见。这有助于评估创意的用户价值和市场潜力，以及创意是否能够满足用户的需求和期望。

通过创意评估和筛选，设计者和团队可以选择最有潜力和价值的创意进行进一步的发展和实施。创意评估和筛选需要综合考虑创意的独特性、可行性、可实施性以及其他相关维度。利用评估工具和方法，结合用户反馈和需求，可以更加准确地评估创意的质量和潜力，为设计决策提供有力的支持和指导。

优势
- 擅长什么
- 有什么新技术
- 能做什么别人做不到的
- 顾客为什么来
- 最近因什么而成功

劣势
- 什么做不来
- 缺乏什么技术
- 别人哪些比我们好
- 缺乏哪些客户
- 最近因什么而失败

机会
- 有什么新技术问世
- 有什么新市场开放
- 有什么市场壁垒接触
- 竞争对手有什么失误
- 市场的天花板是否有增长

威胁
- 大量竞争对手进入行业
- 政策缩紧
- 经济衰退
- 顾客需求变化

图 2-8 SWOT 分析样例

四、创意实施和迭代

（一）原型制作

当我们进行设计思考时，创意实施和迭代是一个非常重要的阶段。在这个阶段，我们需要将我们的优质创意转化为可视化或可操作的原型。原型制作的目的是更好地进行测试和获得反馈，从而不断改进和完善我们的设计。

原型制作可以帮助我们验证和验证我们的创意。通过将创意转化为原型，我们可以更清楚地了解它的实际表现和功能。原型可以是物理的模型，也可以是数字化的交互界面或模拟系统。无论是哪种形式，原型都应该能够展示我们的创意的核心特点和功能。通过原型制作，我们可以更好地测试我们的创意。我们可以与用户、客户或其他利益相关者一起使用原型，以获得他们的反馈和意见。这种测试可以帮助我们发现问题、改进设计，并确保我们的解决方案符合用户需求和期望。

原型制作还可以帮助我们更好地理解和沟通我们的创意。原型可以作为一种交流工具，帮助我们向其他人传达我们的想法和概念。通过展示原型，我们可以更好地让其他人理解我们的设计思路和目标。

在原型制作的过程中，我们还需要进行迭代。迭代是指不断重复和改进原型的过程。通过迭代，我们可以逐步优化我们的设计，修正问题和缺陷，并不断提高创意的质量和可行性。

（二）用户测试和反馈

在设计思考方法中，创意实施和迭代的一个重要环节是用户测试和反馈。这个环节的目的是与用户一起探索原型，获取他们的反馈和洞察，以便改进和迭代我们的创意。

用户测试是一种通过与最终用户交互的方式来评估和验证设计解决方案的方法。通过与用户一起使用原型，我们可以观察他们在使用过程中的行为、态度和反应。这种观察可以帮助我们了解用户的需求、期望和体验，揭示出设计中的问题和改进的空间。用户测试的目的是收集用户的反馈和洞察。我们可以通过问卷调查、访谈、焦点小组讨论等方式与用户进行沟通，了解他们对原型的感受、意见和建议。这些反馈和洞察可以帮助我们更好地理解用户的需求和期望，发现设计中的不足之处，并为改进和迭代创意提供指导。

用户测试和反馈是一个循环迭代的过程。我们根据用户的反馈和洞察，对原型进行修改和改进，然后再次进行测试和获取反馈。这个过程可以持续进行多轮，直到我们达到一个符合用户需求的解决方案。通过用户测试和反馈，我们可以确保我们的创意和设计解决方案真正满足用户的需求和期望。与用户合作，共同探索原型，可以帮助我们更好地理解他们的视角和体验，从而提高我们的设计质量和用户满意度。通过与用户合作，我们可以获取宝贵的反馈和洞察，为改进和迭代创意提供指导，最终实现一个符合用户需求和期望的设计解决方案。

（三）迭代优化

在设计思考方法中，创意实施和迭代的最后一个环节是迭代优化。这个环节的目的是根据用户的反馈和测试结果，不断优化和改进创意，以提高其可行性和用户体验。

迭代优化是一个循环的过程，它涉及根据收集到的用户反馈和测试结果，对原型或设计解决方案进行修改和改进。这意味着我们不断地进行调整、修正和重构，以使创意更加符合用户需求和期望。

用户反馈是迭代优化的重要依据。通过用户测试和获取用户的反馈，我们可以了解用户对我们的创意的感受、意见和建议。这些反馈可以揭示出创意中的问题和不足之处，帮助我们定位需要改进的方面。

除了用户反馈，测试结果也是迭代优化的重要参考。通过对原型进行测试，我们可以发现和识别潜在的问题和缺陷。这些测试结果可以作为改进和优化的依据，帮助我们提高创意的可行性和用户体验。

在迭代优化的过程中，我们需要灵活应对，根据反馈和测试结果进行必要的调整和改进。可能需要进行多轮的迭代，每一轮都根据用户反馈和测试结果进行适当的优化。

迭代优化的目标是不断提高创意的可行性和用户体验。通过不断地优化和改进，我们可以使创意更符合用户的需求，提供更好的用户体验，最终实现一个更成功的设计解决方案。借助用户反馈和测试结果，我们可以不断优化和改进创意，提高其可行性和用户体验。通过持续的迭代，我们可以实现一个符合用户需求和期望的设计解决方案。

思考题

  1. 创意评估和筛选在设计思考中的作用是什么？请举例说明设计师应该如何综合考虑创意的独特性、可行性和可实施性等方面进行评估和筛选，选择最有潜力和价值的创意进行进一步的发展和实施。

  2. 在创意实施和迭代过程中，为什么用户测试和反馈是重要的？请举例说明设计师应该如何通过用户测试和反馈来获取用户的反馈和洞察，并根据这些反馈和洞察进行创意的改进和迭代。

  3. 创意实施和迭代的过程中，为什么迭代优化是必要的？请举例说明设计师应该如何根据用户反馈和测试结果进行迭代优化，不断改进和提升创意的可行性和用户体验。

单元三　设计思考方法的评价和展望

学习目标

1. 深入理解设计思考方法的优点和局限性，包括用户导向、创新驱动、快速迭代和跨学科合作等方面，并能够在实际设计过程中综合考虑和应用这些优点和局限性。

2. 了解技术驱动的创新对设计思考方法的影响，包括人工智能和机器学习、虚拟和增强现实以及物联网和智能设备等技术的应用，并能够评估和应用这些技术在设计过程中的潜在价值和限制。

3. 掌握跨学科合作和协同创新的重要性，包括设计与科学的交叉、行业间的合作和社区参与和协作等方面，并能够与不同领域的专业人士进行有效的合作和协作，以实现更综合和创新的设计解决方案。

3.1 优点和局限性分析

一、设计思考方法的优点

（一）用户导向

设计思考方法具有许多优点，其中之一是用户导向。下面是用户导向在设计思考方法中的优点：

1. 真实理解用户需求：设计思考方法强调深入理解用户的需求和体验。通过与用户互动、观察和测试，设计团队能够更准确地捕捉到用户的真实需求，而不仅仅是基于假设或猜测。这有助于确保设计解决方案与用户的期望和现实需求相匹配。

2. 用户参与和反馈：设计思考方法鼓励用户的参与和反馈。通过用户测试和观察，设计团队可以与用户进行互动，了解他们的体验和意见。这种用户参与和反馈的过程可以帮助设计团队更好地理解用户的需求和期望，并及时调整设计方案。

3. 提高用户体验：设计思考方法通过关注用户的需求和体验，旨在提供更好的用户体验。通过深入理解用户的行为、态度和情感，设计团队可以优化界面、改进交互方式和提高功能性，以提供更符合用户期望的产品或服务。

4. 创新和创意发展：用户导向的设计思考方法鼓励团队以用户的视角进行思考，推动创新和创意的发展。通过深入理解用户的需求和体验，设计团队可以提出更有创意的解决方案，创造出更具价值和创新的产品或服务。

5. 用户满意度和忠诚度提升：通过关注用户需求和体验，设计思考方法可以提高用户满意度和忠诚度。满足用户的期望和需求，提供良好的用户体验，可以增加用户对产品或服务的满意度，促进口碑传播和用户忠诚度的提升。

综上所述，设计思考方法的用户导向是其重要优点之一。通过深入理解用户需求和体验，设计团队能够更好地满足用户的期望，提高用户满意度和忠诚度，推动创新和创意的发展。

（二）创新驱动

另一个设计思考方法的优点是创新驱动。设计思考方法鼓励创新和多样化的思维，通过创意激发和收集工具，帮助团队产生新的创意和解决方案。下面是对这一优点的具体解释：

1. 创意激发：设计思考方法提供了一系列的创意激发工具和技巧，如头脑风暴、关联法、角色扮演等。这些工具可以帮助团队成员开拓思维，挑战常规，从不同的角度和视角来思考问题。通过创意激发，团队可以产生更多独特和创新的想法。

2. 多样化的思维方式：设计思考方法鼓励团队成员采用多样化的思维方式来解决问题。这包括跨学科的思维、以用户为中心的思维、系统思维等。通过多样化的思维方式，团队可以从不同的角度和维度考虑问题，从而产生更丰富和创新的解决方案。

3. 用户参与：设计思考方法注重与用户的互动和参与。通过与用户进行沟通、观察和测试，设计团队可以倾听用户的声音、理解他们的需求和期望。这种用户参与可以带来新的洞察和启示，激发出创新的想法和解决方案。

4. 快速原型制作：设计思考方法鼓励快速制作原型，以便迅速验证和演进创意。通过快速原型制作，团队可以更快地将想法可视化或可操作化，与用户或利益相关者进行交流和测试。这种快速迭代和验证的过程可以推动创新和改进的发展。

5. 风险管理：设计思考方法通过快速迭代和用户参与，可以帮助团队在早期阶段发现和解决问题，减少项目风险。通过测试和反馈，团队可以及早发现不可行或不受欢迎的想法，从而在投入大量资源之前进行调整和改进。

综上所述，设计思考方法的创新驱动是其另一个重要的优点。通过创意激发、多样化的思维方式、用户参与、快速原型制作和风险管理，设计团队可以产生新的创意和解决方案，推动创新的发展，并减少项目风险。

（三）快速迭代

设计思考方法的另一个优点是快速迭代。通过快速原型和用户测试，设计思考方法可以快速迭代和优化设计方案，从而减少风险和成本。下面是对这一优点的具体解释：

1. 快速验证：设计思考方法鼓励团队尽早制作原型并进行用户测试。通过快速原型制作和用户测试，团队可以快速验证设计的可行性和有效性。这种快速验证的过程可以帮助团队及早发现问题和挑战，并及时进行调整和改进。

2. 及时反馈：用户测试是设计思考方法中的重要环节之一。通过与用户进行互动和测试，设计团队可以获得及时的用户反馈和意见。这些反馈可以帮助团队了解用户的需求和体验，发现问题和改进的机会，并及时进行迭代和优化。

3. 减少风险和成本：通过快速迭代和及时反馈，设计思考方法可以帮助团队在早期阶段发现和解决问题，从而减少项目风险和成本。通过快速原型制作和用户测试，团队可以识别出不可行或不受欢迎的设计方案，并及时进行调整和改进，避免浪费资源和时间。

4. 提高设计质量：通过快速迭代和用户测试，设计思考方法可以不断优化和改进设计方案，提高设计的质量。通过与用户互动和测试，团队可以更好地了解用户的需求和期望，从而更贴合用户的真实需求，提供更好的用户体验。

5. 促进创新和学习：快速迭代的过程可以促进创新和学习。通过不断尝试和调整，团队可以挑战常规，探索新的创意和解决方案。通过与用户互动和测试，团队可以从用户的反馈和意见中学习，不断优化和改进设计，推动创新和学习的发展。

总之，设计思考方法的快速迭代是其另一个重要的优点。通过快速原型和用户测试，设计团队可以快速迭代和优化设计方案，减少风险和成本，并提高设计的质量和用户体验。同时，快速迭代也促进创新和学习的发展，推动团队不断进步和提高。

（四）跨学科合作

设计思考方法的另一个优点是跨学科合作。设计思考方法鼓励不同领域的专业人士之间的合作，融合不同的专业知识和视角，促进创新和多样化的解决方案。下面是对这一优点的具体解释：

1. 融合多样化的视角：设计思考方法强调从多个视角和领域来思考问题。通过跨学科合作，不同背景和专业的人士可以带来不同的视角和思考方式，从而推动创新和多样化的解决方案的产生。这种多样性的视角可以帮助团队更全面地理解和解决问题。

2. 综合不同的专业知识：设计思考方法鼓励将不同领域的专业知识和技能结合起来，以提供更全面和有效的解决方案。通过跨学科合作，团队可以综合利用不同专业领域的知识，以解决复杂的问题，并创造出更具创新性和实用性的设计解决方案。

3. 促进创新和创意发展：不同领域的专业人士之间的合作可以促进创新和创意的发展。通过跨学科合作，团队成员可以共享和交流各自的专业知识、经验和创意，从而激发出更多的创新思维和解决方案。

4. 提供综合性的解决方案：跨学科合作可以帮助团队提供综合性的解决方案。通过整合不同领域的专业知识和视角，团队可以更好地满足用户的需求和期望，提供更全面和综合的解决方案。

5. 促进学习和发展：跨学科合作可以促进团队成员之间的学习和发展。通过与不同领域的专业人士合作，团队成员可以相互学习和分享知识，扩展自己的专业能力和视野，从而推动个人和团队的成长和发展。

设计思考方法的跨学科合作是其另一个重要的优点。通过融合多样化的视角、综合不同的专业知识、促进创新和创意发展，跨学科合作可以提供更全面、创新和实用的解决方案。同时，跨学科合作也促进了个人和团队的学习和发展。

二、设计思考方法的局限性

（一）主观性和偏见

设计思考方法的局限性是设计过程中不可避免的一部分，其中之一是主观性和偏见的存在。设计思考方法依赖于设计团队的主观判断和经验，这可能导致个人偏见和局限性。

1. 设计团队中的每个成员都有自己的主观观点和价值观，这会在设计过程中产生影响。设计师的经验和教育背景也会对其看待问题和提出解决方案的方式造成影响。这意味着设计思考方法可能会受到设计师个人喜好、偏见或局限性的影响，而忽略了其他可能的视角或解决方案。

2. 设计思考方法通常依赖于用户研究和反馈。然而，用户研究也可能受到主观性和偏见的影响。设计团队可能会选择与他们自身背景和经验相关的用户群体进行研究，而忽略其他潜在用户的需求和偏好。这可能导致设计出来的产品或服务只能满足特定用户群体的需求，而忽略了其他用户的需求。

3. 设计思考方法在解决问题时也受到设计团队的经验和知识的限制。设计团队可能会倾向于使用他们熟悉的方法和工具，而忽略了其他可能的方法。这可能导致局限性的解决方案，无法充分发掘其他创新的可能性。

为了克服设计思考方法的主观性和偏见，设计团队可以采取一些策略。首先，多样化的团队成员可以带来不同的观点和经验，有助于减轻个人偏见的影响。其次，设计团队可以采用多种用户研究方法，包括定量和定性研究，以获取更全面的用户反馈。最后，设计团队应该保持开放的心态，积极探索和尝试新的方法和工具，以避免过度依赖自己的经验和知识。设计团队应该意识到这些局限性，并采取相应的策略来减轻其影响，以确保设计过程更加客观和全面。

（二）时间和资源限制

设计思考方法在解决问题和创新方面具有很大的价值，但也存在时间和资源限制的局限性。这主要涉及在设计过程中进行用户研究、创意生成以及用户测试等环节所需的时间和资源。

1. 设计思考方法通常需要进行深入的用户研究，以了解用户的需求、期望和行为。这可能涉及进行用户访谈、观察和调查等收集数据的过程。然而，这些研究活动可能需要大量的时间和资源，特别是在涉及大规模的用户群体或复杂的用户行为时。在项目时间较紧迫或资源有限的情况下，设计团队可能无法投入足够的时间和资源来进行充分的用户研究，从而限制了设计思考方法的应用。

2. 创意生成是设计思考方法中的重要环节，旨在产生创新的解决方案。这通常需要进行头脑风暴、设计工作坊和团队合作等活动，以激发和收集创意。然而，这些创意生成过程需要设计团队的集体智慧和时间的投入。在项目时间有限或资源不足的情况下，设计团队可能无法进行充分的创意生成，从而限制了设计思考方法的发挥。

3. 用户测试是设计思考方法的关键环节之一，用于验证和优化设计方案。这可能涉及制作原型、进行用户反馈和迭代设计等过程。然而，用户测试需要时间和资源来组织和执行，尤其是在涉及大量用户或多个测试轮次时。在项目时间紧迫或资源有限的情况下，设计团队可能无法进行充分的用户测试，从而无法获得准确的用户反馈和改进设计方案的机会。

为了克服设计思考方法的时间和资源限制，设计团队可以采取一些策略。首先，合理规划、分配时间和资源，确保在项目早期阶段就进行用户研究和创意生成，而不是等到项目进展到后期再开始。其次，利用现有的数据和资源，如市场调研报告、竞争分析和用户数据库等，以尽可能减少对额外时间和资源的需求。最后，采用敏捷的设计方法，如快速迭代和原型测试，以在有限的时间和资源下快速验证设计方案。设计团队应该在规划和执行设计过程时充分考虑这些限制，并采取相应的策略来最大限度地应用设计思考方法的原则和工具。

（三）可行性和可实施性

设计思考方法在产生创意和解决方案时，往往强调创新和用户体验。然而，这些创意和解决方案在实施阶段可能面临可行性和可实施性方面的局限性，主要涉及技术、成本和可行性等方面。

1. 技术限制是设计思考方法面临的一大挑战。设计思考方法鼓励创造性思维和创新的解决方案，但这些解决方案可能需要依赖于尚未成熟或不可行的技术。因此，设计团队可能面临技术可行性方面的局限，无法在实际应用中实现他们的创意或解决方案。

2. 成本限制也是设计思考方法的一个局限性。某些创意和解决方案可能需要高昂的开发成本或资源投入，超出了项目的预算或资源限制。设计团队可能需要在可行性和成本之间进行权衡，从而有可能牺牲一些创意和解决方案的实施。

3. 可行性方面的局限也是设计思考方法需要面对的问题。设计思考方法强调以用户为中心的解决方案，但有时候用户需求和期望可能与现有的法律、政策或行业标准不一致。设计团队可能需要在用户体验和可行性之间找到平衡，确保解决方案符合相关的法律和规范要求。

为了克服可行性和可实施性方面的局限性，设计团队可以采取一些策略。首先，与技术团队和专业人士合作，确保创意和解决方案在技术上是可行的，并满足相关的技术要求。其次，进行成本效益分析和资源规划，确保创意和解决方案在可行性和成本之间找到合适的平衡点。最后，与利益相关者进行沟通和合作，以确保创意和解决方案符合法律和行业标准的要求。设计团队应该在创意生成和解决方案提出的过程中考虑这些限制，并采取相应的策略来确保创意和解决方案在实施阶段能够顺利进行。

（四）需求变化和不确定性

设计思考方法在解决问题和创新方面是一种灵活和动态的方法，但也面临需求变化和不确定性的局限性。这主要涉及在设计过程中需求的改变和环境的不确定性。

1. 设计思考方法通常以用户需求为出发点，并通过用户研究和洞察来理解用户的需求和期望。然而，需求是一个动态的概念，可能会随着时间和环境的变化而发生变化。在长期项目中，用户需求可能会随着技术发展、市场变化或用户行为的改变而发生变化。设计团队需要灵活应对这些需求的变化，并及时调整设计方案以满足新的需求。

2. 设计思考方法在解决问题时需要进行多次的测试和迭代。这意味着设计团队需要接受问题解决方案的不确定性，并通过不断的试验和反馈来逐步改进和优化。然而，这种不确定性可能会增加项目的风险和不确定性，特别是在项目时间有限或资源有限的情况下。因此，设计团队需要在不确定性中找到平衡，同时保持灵活性和创新性。

3. 环境的不确定性也是设计思考方法面临的一个挑战。市场、技术和社会环境的不确定性可能对设计过程和解决方案的实施产生影响。例如，法律法规的变化、竞争环境的变化或技术的突破都可能对设计方案的可行性和可实施性造成影响。设计团队需要及时跟踪和应对环境的变化，并在设计过程中灵活调整解决方案。

为了克服需求变化和不确定性方面的局限性，设计团队可以采取一些策略。首先，与用户保持密切的合作和沟通，及时了解他们的需求和反馈，并灵活调整设计方案以满足变化的需求。其次，采用敏捷的设计方法，如快速原型和迭代测试，以快速验证和改进设计方案。最后，与利益相关者和专业人士保持紧密合作，及时了解环境的变化，并做出相应的调整。综上所述，设计团队应该意识到这些局限性，并采取相应的策略来灵活应对需求的变化和环境的不确定性，以确保设计过程和解决方案的成功。

三、设计思考方法的应用限制

（一）领域依赖性

设计思考方法在解决问题和创新方面有着广泛的应用，但同时也存在领域依赖性的限制。这意味着不同领域的需求和挑战可能需要不同的方法和工具，设计思考方法可能并不适用于所有领域。

不同领域有着不同的特点和需求，因此设计思考方法在应用时需要考虑特定领域的要求和限制。举例来说，医疗保健领域和金融领域的需求和挑战与消费品设计领域可能存在显著差异。医疗保健领域需要更加关注安全性和合规性，而金融领域则注重数据安全和隐私保护。因此，在这些特定领域中，设计思考方法可能需要与专业知识和行业标准相结合，以满足特定领域的需求。此外，不同领域的问题和挑战可能需要使用特定的方法和工具来解决。例如，工业设计领域可能需要使用 CAD 软件和制造工艺知识，而用户界面设计领域可能需要使用可视化设计工具和用户测试方法。设计思考方法虽然可以为这些领域提供一种创新和用户导向的方法，但可能需要与领域专业人士合作，以确保解决方案的可行性和实施性。

为了克服领域依赖性的限制，设计团队可以采取一些策略。首先，深入了解特定领域的需求、挑战和行业标准，以适应和应用相应的设计思考方法。其次，与领域专业人士合作，共同探索和解决特定领域的问题。这种跨学科的合作可以提供更全面和专业的解决方案。最后，持续学习和更新对特定领域的了解和知识，以保持与领域发展的同步。综上所述，设计团队应该意识到这些限制，并采取相应的策略来适应和应用于特定领域的需求和挑战，以实现更好的解决方案。

（二）文化差异

设计思考方法在解决问题和创新方面强调用户的体验和需求，但在不同文化背景下的应用可能会受到文化差异的限制。不同文化有着不同的价值观、信仰、习俗和行为方式，这可能会对设计思考方法的应用产生影响，需要考虑和适应不同文化的需求和偏好。

文化差异在设计过程中可能会影响用户的期望和反应。用户的文化背景会影响他们对产品或服务的理解、使用方式和期望。设计团队需要了解不同文化中的用户需求、偏好和行为习惯，以确保设计的解决方案能够符合不同文化背景下用户的期望和需求。例如，颜色、图形和符号的意义在不同文化中可能有所不同，设计团队需要考虑这些差异，并避免产生误解或冲突。此外，不同文化中的沟通方式和交互习惯也可能影响设计思考方法的应用。例如，有些文化倾向于更加集体主义，注重群体合作和共享，而有些文化则更加注重个体主义和自主性。设计团队需要根据不同文化的沟通方式和交互习惯，调整设计过程中的沟通和合作方式，以确保与用户的有效交流和合作。

为了克服文化差异的限制，设计团队可以采取一些策略。首先，进行跨文化的用户研究和洞察，了解不同文化的用户需求和偏好，以指导设计过程。其次，与不同文化背景的用户进行密切合作和反馈，以确保设计方案能够满足他们的期望和需求。最后，建立多样化和包容性的设计团队，包括不同文化背景的设计师和专业人士，以获得更全面和多元化的视角和创意。

综上所述，设计思考方法的应用受到文化差异的限制。设计团队应该意识到这些限制，并采取相应的策略来适应和应用于不同文化的需求和偏好，以确保设计的解决方案能够在不同文化背景下获得成功。

> **思考题**
>
> 1. 在设计思考方法中，用户导向是一个重要的优点，但也存在主观性和偏见的局限性。你认为如何克服这种主观性和偏见，确保设计过程更加客观和全面？
>
> 2. 设计思考方法强调快速迭代和用户测试，但在实践中可能面临时间和资源限制的局限性。你认为如何在有限的时间和资源下，有效地应用设计思考方法，保证设计质量和用户体验的提升？
>
> 3. 设计思考方法鼓励跨学科合作，但在不同领域的应用中可能存在领域依赖性的限制。你认为如何在特定领域中应用设计思考方法，同时结合领域专业知识和行业标准，以满足特定领域的需求和挑战？

3.2 设计思考方法的未来发展趋势

一、技术驱动的创新

（一）人工智能和机器学习

在设计思考方法的未来发展趋势中，技术驱动的创新将起到重要的作用。其中，人工智能（AI）和机器学习（ML）的应用将为设计思考方法带来许多潜在的好处。

1. 人工智能和机器学习可以用于数据分析和用户洞察的提取。通过分析大量的用户数据和行为模式，AI 和 ML 可以帮助设计团队更准确地理解用户需求、行为和偏好。这些洞察可以为设计过程提供更有针对性的方向和决策，从而提供更符合用户期望的设计解决方案。

2. 人工智能和机器学习可以用于个性化设计的实现。通过收集和分析用户的个人数据和反馈，AI 和 ML 可以根据每个用户的特定需求和偏好，提供个性化的设计解决方案。这种个性化的设计可以提升用户体验，增强用户的参与感和满意度。

3. 人工智能和机器学习还可以用于设计自动化和生成。通过训练机器学习模型和使用生成对抗网络（GAN）等技术，AI 可以生成各种设计元素、布局和样式。这可以大大加快设计过程，提高效率，并为设计师提供更多创意的灵感和选择。

然而，人工智能和机器学习的应用也面临一些挑战和限制。例如，数据隐私和伦理问题需要得到妥善处理，以确保用户数据的安全和合法性。此外，AI 和 ML 的算法和模型需要不断地进行训练和优化，以确保其准确性和可靠性。

总体而言，人工智能和机器学习的应用将为设计思考方法带来许多机遇和潜力。通过利用这些技术，设计团队可以获得更精确和个性化的用户洞察，并提供更具创新性和高效率的设计解决方案。然而，设计团队需要在应用这些技术时保持谨慎，确保合理使用和充分考虑用户的隐私和伦理问题。

（二）虚拟和增强现实

在设计思考方法的未来发展趋势中，虚拟现实（VR）和增强现实（AR）技术将扮演重要的角色。这些技术能够为用户提供更丰富、沉浸式的体验，将在设计思考方法中发挥更重要的作用。

1. 虚拟现实技术可以为设计团队提供更直观和真实的设计环境。通过使用 VR 头显和手柄等设备，设计师可以进入虚拟空间中，与设计模型进行互动和检查。这种沉浸式的体验可以帮助设计师更好地理解和评估设计方案，从而提供更精确和优化的解决方案。

2. 增强现实技术可以将虚拟元素叠加在现实世界中，为用户提供与现实环境交互的新方式。通过使用 AR 眼镜或移动设备，用户可以看到虚拟的设计元素和信息与真实的场景融合在一起。这种增强的体验可以帮助用户更好地理解和评估设计方案，提供更直观和个性化的用户体验。

3. 虚拟现实和增强现实技术还可以用于展示和演示设计概念和方案。设计团队可以使用虚拟现实技术创建虚拟展示空间，让用户以更真实和身临其境的方式体验设计方案。同时，增强现实技术可以将设计方案以虚拟的形式叠加在真实场景中，为用户提供更直观和详细的信息。

然而，虚拟现实和增强现实技术的应用也面临一些挑战和限制。例如，硬件设备的成本和可用性仍然是一个问题，限制了这些技术的广泛应用。此外，用户对于虚拟现实和增强现实体验的接受程度也是一个考虑因素，设计团队需要确保这些技术的使用对用户是有益的，并提供良好的用户体验。通过提供更丰富、沉浸式和个性化的用户体验，这些技术能够帮助设计团队更好地理解用户需求、评估设计方案，并展示设计概念和解决方案。同时，设计团队需要克服硬件成本和用户接受度等挑战，以确保这些技术的有效应用。

（三）物联网和智能设备

在设计思考方法的未来发展趋势中，物联网（IoT）和智能设备的普及将为设计思考方法带来许多机遇和挑战。这些技术的应用将为设计团队提供更多的数据来源和交互机会，推动用户体验的创新和个性化。

1. 物联网技术将使设计团队能够获取更多的用户数据和环境数据。通过连接各种智能设备和传感器，物联网可以收集大量的数据，包括用户行为、环境条件和设备状态等。这些数据可以为设计团队提供深入的用户洞察和理解，从而指导更精确和个性化的设计解决方案。

2. 智能设备的普及将为设计思考方法提供更丰富的交互机会。例如，智能手机、智能手表和智能家居设备等智能硬件可以与设计解决方案进行交互，提供更直观和便捷的用户体验。设计团队可以通过这些智能设备创造出更多样化、个性化的交互方式，提升用户参与和满意度。

3. 物联网和智能设备的应用还可以促进设计解决方案的智能化和自动化。通过与智能设备的连接，设计团队可以实现智能化的控制和反馈，以提供更智能和自适应的用户体验。例如，智能家居系统可以根据用户的习惯和需求，自动调节温度、照明和音响等，提供更舒适和便捷的居家体验。

然而，物联网和智能设备的应用也面临一些挑战和限制。例如，数据隐私和安全性需要得到妥善处理，以保护用户的个人信息和设备安全。此外，智能设备的兼容性和互操作性也是一个考虑因素，设计团队需要确保设计解决方案能够与不同类型的智能设备进行无缝集成和交互。

总体而言，物联网和智能设备的普及将为设计思考方法带来更多的机遇和挑战。通过利用物联网的数据和智能设备的交互能力，设计团队可以提供更个性化、智能化和自适应的用户体验。同是，设计团队需要克服数据隐私、安全性和设备兼容性等方面的挑战，以确保这些技术的有效应用。

二、跨学科合作和协同创新

（一）设计与科学交叉

在设计思考方法的未来发展趋势中，跨学科合作和协同创新将扮演重要的角色。其中，设计与科学的交叉将为设计思考方法带来更深入的用户洞察和创新机会。

设计思考方法强调以用户为中心的解决方案，注重洞察用户的需求和行为。而科学方法则注重通过实证研究和分析来获取客观的数据和知识。将设计思考方法与科学方法相结合，可以通过科学的研究方法来支持设计决策和解决方案的验证。

通过科学方法的应用，设计团队可以更系统地收集、分析和解释用户的数据和行为。例如，使用实验研究方法和统计分析，设计团队可以更准确地理解用户的偏好和行为模式。这些科学方法可以提供更深入的用户洞察，指导设计团队更好地满足用户的需求。

此外，科学方法还可以用于创新的推动和评估。通过科学的研究方法，设计团队可以探索新的创新机会，并进行实证研究以评估创新的效果和影响。这可以帮助设计团队更加科学地拓展创新的边界，并为设计决策提供客观依据。

然而，将设计思考方法与科学方法相结合也面临一些挑战和限制。设计团队需要具备跨学科的合作能力，以便与科学研究者和领域专家进行合作。此外，设计团队还需要深入了解科学方法的原理和应用，以适当地运用科学方法来支持设计决策。

总体而言，设计思考方法与科学方法的交叉将为设计思考方法的未来发展带来更深入的用户洞察和创新机会。通过科学的研究方法，设计团队可以更准确地了解用户的需求和行为，并探索新的创新机会。因此，设计团队需要具备跨学科的合作能力，并深入了解科学方法的应用，以充分发挥设计与科学交叉的潜力。

（二）行业间合作

在设计思考方法的未来发展趋势中，跨学科合作和协同创新将继续发挥重要作用。其中，行业间的合作将促进不同行业之间的合作，共同解决复杂的社会问题，并推动设计思考方法的应用和发展。

行业间的合作可以促进知识和经验的交流，从而为设计思考方法提供更广泛的应用场景和创新机会。不同行业拥有独特的专业知识、技术和资源，通过合作，设计团队可以从其他行业中获取新的视角和洞察，从而解决复杂的社会问题。

例如，医疗行业和设计行业的合作可以帮助改善医疗设施的设计和医疗服务的体验。金融行业和设计行业的合作可以推动金融产品的用户体验和可访问性。能源行业和设计行业的合作可以促进可持续能源解决方案的创新和应用。这些合作将为设计思考方法带来更广泛的应用和发展空间。

此外，行业间的合作还可以推动设计思考方法在解决社会问题方面的应用。许多复杂的社会问题需要跨行业的协作和创新解决方案。例如，气候变化、城市化和可持续发展等问题需要设计思考方法与环境科学、城市规划、社会学等学科的合作。通过行业间的合作，设计思考方法可以更好地应对这些复杂问题，提供综合性的解决方案。

然而，行业间的合作也面临一些挑战和难点。不同行业之间存在文化差异、专业术语的差异和利益的冲突等问题，这可能导致合作的困难。设计团队需要建立有效的沟通和合作机制，促进行业间的理解、协作和共创。

总体而言，行业间的合作将推动设计思考方法的未来发展。通过跨行业的合作，设计团队可以从其他行业中获取新的思维和资源，解决复杂的社会问题，并推动设计思考方法的应用和创新。然而，设计团队需要克服文化差异和利益冲突等挑战，建立良好的合作关系，以实现共同的目标。

（三）社区参与和协作

在设计思考方法的未来发展趋势中，社区参与和协作将发挥重要作用。这种趋势鼓励用户和社区的参与，通过协作和共创的方式，实现更具包容性和可持续性的设计解决方案。

社区参与和协作是指将用户和利益相关者纳入设计过程中，与设计团队共同合作和决策。这种参与可以通过用户调研、工作坊、设计竞赛、社区合作等方式实现。通过与用户和社区的合作，设计团队可以更好地了解他们的需求、期望和参与意愿，从而设计出更贴合他们的设计解决方案。

社区参与和协作有助于创造包容性的设计解决方案。通过与各种群体和社区的合作，设计团队可以考虑到不同人群的需求和偏好，避免偏见和歧视，推动社会的包容性和公正性。

此外，社区参与和协作还有助于实现可持续性的设计解决方案。通过与用户和社区的合作，设计团队可以了解他们对环境和社会的关切和需求，从而设计出更环保、资源有效和社会可持续的解决方案。这种共同创造的过程可以激发创新想法和创造力，推动可持续发展的目标。

然而，社区参与和协作也面临一些挑战和限制。例如，参与的平等性、代表性和可持续性需要得到重视，以确保参与过程的公正性和长期性。此外，有效的沟通和合作机制也是成功实施社区参与和协作的关键。

总结而言，社区参与和协作是设计思考方法未来发展的重要趋势。通过与用户和社区的合作，设计团队可以实现更具包容性和可持续性的设计解决方案。然而，设计团队需要解决参与过程中的挑战，确保参与的平等性和可持续性，建立有效的沟通和合作机制。这将推动设计思考方法朝着更人本主义、全球化和可持续的方向发展。

思考题

1. 在设计思考方法的未来发展中，技术驱动的创新如人工智能和机器学习将发挥重要作用。你认为人工智能和机器学习会如何改变设计思考方法的应用和效果，它们可能带来哪些机遇和挑战？

2. 跨学科合作和协同创新是设计思考方法未来发展的重要趋势之一。你认为设计团队应该如何与科学研究者合作，将科学方法应用于设计过程中，以提升用户洞察和解决方案的科学性？

3. 社区参与和协作是设计思考方法未来发展的重要趋势之一。你认为设计团队应该如何与用户和社区进行有效的合作和决策，以实现更具包容性和可持续性的设计解决方案，同时如何解决社区参与和协作中可能出现的挑战和限制？

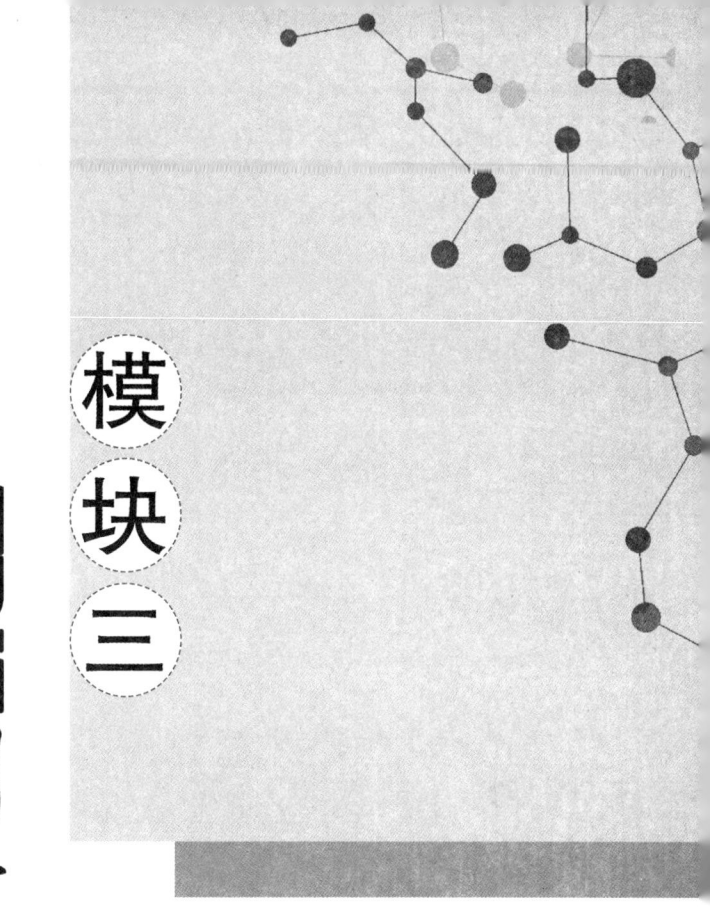

模块三 TRIZ创新方法及其应用

单元一　TRIZ 简介

> **学习目标**
>
> 　　1. 理解 TRIZ 的起源和基本概况：学习 TRIZ 的起源和发展历程，了解 TRIZ 的基本概念、原理和应用领域。
> 　　2. 掌握 TRIZ 的基本思想：深入了解 TRIZ 的基本原理，包括如何通过解决矛盾来推动创新和问题解决，以及如何运用 TRIZ 方法来提高创新能力。
> 　　3. 知道 TRIZ 的成功案例和扩展发展：学习 TRIZ 在实际应用中的成功案例，了解 TRIZ 在不同领域的应用和发展，包括如何将 TRIZ 与其他创新方法和工具结合使用。

1.1　TRIZ 起源

一、TRIZ 的基本概况

　　TRIZ（Theory of Inventive Problem Solving），理论创新问题解决方法，这是由苏联科学家根里奇·阿奇舒勒（Genrieh Altshuller）于 20 世纪 40 年代创立的一种创新方法。TRIZ 旨在通过系统化的方法解决技术和工程领域的问题，并促进创新的发展。

　　TRIZ 的起源可以追溯到 20 世纪 40 年代，当时阿尔图霍夫是一名专门解决技术问题的专家。他在研究和分析大量专利文件时，偶然发现了一个引人注目的现象：许多发明都是通过一些共同的原则和模式解决问题的。

　　阿尔图霍夫的观察显示：不同领域的专利中存在着一些重复出现的模式和创新原则。这些模式和原则是在解决技术问题时被发明家们反复应用的方法。阿尔图霍夫意识到，这些共同的原则和模式可以被提炼出来，并作为一种通用的创新方法来应用于其他领域。这一发现启发了阿尔图霍夫，他开始系统地研究和整理这些创新原则和模式，并试图将其归纳为一套规律性的方法，并与其他科学家和工程师合作，他们对数千份专利文件进行了深入的分析，并提取出了 40 个创新原则和几种创新模式。

阿尔图霍夫的工作逐渐形成了 TRIZ 的核心理论和方法。TRIZ 的基本思想是创新可以被系统化，并遵循一套规律性的方法。这一思想与当时流行的创新观念截然不同，因为在那个时候，创新被认为是凭借个人的天赋和创造力实现的，而不是可以被学习和系统化的。

TRIZ 的发展背景与当时苏联的创新环境和需求密切相关。在苏联时期，创新和技术发展被认为是国家的重要战略，苏联政府高度重视并鼓励创新研究。这种环境为 TRIZ 的发展提供了有利条件，并使得 TRIZ 在苏联的工程和科研领域得到广泛应用。

在苏联时期，经济和科技的发展被视为实现社会主义建设和国家安全的重要方面。为了提高生产力和技术水平，苏联政府大力推动科学技术的发展，并鼓励工程师和科学家们在解决问题和创新方面发挥作用。

在这样的创新环境下，TRIZ 作为一种系统化的创新方法应运而生。TRIZ 的理论和方法提供了一种系统化和规律性的方式来解决技术问题和推动创新。TRIZ 的出现填补了其他创新方法的一些空白，并为苏联工程师和科学家们提供了一种新的思维和方法工具。

苏联政府也认识到 TRIZ 的潜力，并将其视为一种重要的创新工具。他们鼓励 TRIZ 的研究和实践，并在教育和培训中推广 TRIZ 的应用。TRIZ 的方法和工具被应用于各个领域，包括工程、设计、科学研究等，为苏联的创新和技术发展做出了重要贡献。

尽管 TRIZ 起源于苏联，但随着时间的推移，它逐渐在全球范围内得到认可和应用。许多国家的工程师、科学家和创新从业者开始学习和运用 TRIZ 的方法，以解决复杂问题和推动创新。

二、TRIZ 的发展历程

（一）TRIZ 的创始人和主要贡献者

TRIZ 的创始人和主要贡献者是根里奇·阿奇舒勒。根里奇·阿奇舒勒（1926—1998）是一位苏联工程师和发明家，他在二战期间作为一名海军军官负责解决技术问题。在战后，他开始研究和分析大量的专利文件，并对其中的创新模式和原则进行深入研究。

阿奇舒勒的研究发现了许多发明和创新都遵循了一些共同的原则和模式，这启发了他认为创新可以被系统化并遵循一套规律性的方法。他开始系统地整理和归纳这些创新原则和模式，并试图将其转化为一种可操作的创新方法。阿奇舒勒的工作逐渐形成了 TRIZ 的核心理论和方法。他在 1960 年代和 1970 年代发表了一系列关于 TRIZ 的著作，如《发明原理》和《创造性的发现》等。这些著作系统地介绍了 TRIZ 的理论和实践，并提供了许多实际案例和应用示例。

阿奇舒勒的贡献不仅仅是发展了 TRIZ 的理论和方法，他还致力于推广和应用 TRIZ。他成立了 TRIZ 协会，并组织了许多培训和研讨会，推动了 TRIZ 在苏联和其他国家的传播和应用。

在阿奇舒勒之后，TRIZ 得到了许多学者和从业者的广泛关注和研究，他们在 TRIZ 的基础上进行了进一步的发展和扩展。这些进一步的研究丰富了 TRIZ 的理论体系，并为 TRIZ 的实践应用提供了更多的可能性。

一方面，学者们通过对 TRIZ 原则和模式的深入研究，提出了一些新的概念和扩展，以丰富 TRIZ 的理论框架。例如，一些学者提出了更具体和细化的创新原则，以适应不同领域和问题的需求。还有一些学者探索了 TRIZ 与其他创新方法和工具的结合，如设计思维、六西格玛等，以进一步提升创新效果。另一方面，从业者们将 TRIZ 应用于各种不同的领域和问题中，进一步验证和拓展了 TRIZ 的实践应用价值。他们通过实际案例和项目的经验，提出了一些应用 TRIZ 的最佳实践和方法。这些实践经验和方法的分享，不仅帮助其他从业者更好地掌握和应用 TRIZ，也为 TRIZ 的进一步发展提供了实践基础。此外，还有一些学者和从业者在 TRIZ 的基础上进行了专门领域的扩展和应用。他们将 TRIZ 应用于可持续发展、创业创新、服务创新等领域，为这些领域的创新问题提供了一种新的视角和方法。

这些进一步的研究和发展使得 TRIZ 的理论体系更加完善和丰富，为解决不同领域和问题的创新提供了更多的工具和方法。同时，TRIZ 的实践应用也得到了进一步的验证和推广，许多组织和企业开始将 TRIZ 纳入创新管理和问题解决的重要工具。

（二）TRIZ 的发展历程

TRIZ 的发展历程可以分为以下几个阶段，涵盖了从起源到现在的发展过程，包括理论的完善和应用的拓展：

1. 创始阶段（19 世纪 40 年代—19 世纪 70 年代）：TRIZ 的起源可以追溯到 20 世纪 40 年代，由苏联工程师和发明家根里奇·阿奇舒勒创立。阿奇舒勒通过研究和分析大量专利文件，发现了创新的共同原则和模式，形成了 TRIZ 的核心理论和方法。他的著作《发明原理》和《创造性的发现》等系统地介绍了 TRIZ 的理论和实践，并为 TRIZ 的发展奠定了基础。

2. 理论完善阶段（19 世纪 80 年代—19 世纪 90 年代）：在 TRIZ 的发展中，理论完善阶段是一个重要的阶段。在这个阶段，学者们对 TRIZ 的原则和模式进行了深入研究，提出了新的概念和扩展，丰富了 TRIZ 的理论体系。

学者们在对 TRIZ 原则和模式的研究中，深入探索了其背后的原理和逻辑。他们通过对实际案例和创新问题的分析，提出了一些新的概念和扩展，以丰富 TRIZ 的理论框架。例如，他们提出了更具体和细化的创新原则，以更好地适应不同领域和问题的需求。此外，学者们进一步明确和系统化了 TRIZ 的理论框架。他们对 TRIZ 的核心概念进行了更深入的解释和分类，使其更易于理解和应用。例如，他们进一步发展了创新模式，提出了更多的模式和方法，以帮助人们分析和解决创新问题。在这个阶段，TRIZ

的理论框架得到了更加明确和系统化的发展。创新原则、创新模式、矛盾矩阵等概念和工具被进一步细化和完善，为问题解决和创新提供了更具体和实用的指导。这个阶段的研究和理论完善对 TRIZ 的发展起到了重要的推动作用。学者们的努力使得 TRIZ 的理论更加丰富和完备，为后续的实践应用提供了更多的支持和指导。

总结起来，TRIZ 在理论完善阶段经历了重要的发展。学者们对 TRIZ 的原则和模式进行了深入研究，并提出了新的概念和扩展，丰富了 TRIZ 的理论体系。TRIZ 的理论框架在这个阶段得到了更加明确和系统化的发展，为问题解决和创新提供了更具体和实用的指导。这些理论的完善为 TRIZ 的实践应用奠定了更坚实的基础。

3. 应用拓展阶段（19 世纪 90 年代至今）：在 TRIZ 的发展中，应用拓展阶段是一个重要的阶段。在这个阶段，TRIZ 的实践应用开始在不同领域和问题中得到广泛应用，为 TRIZ 的应用范围提供了更多的拓展。

从业者们开始将 TRIZ 应用于工程、产品设计、管理、创业创新、可持续发展等各个领域。他们将 TRIZ 的原则和方法应用于实际项目和实践中，解决复杂的问题和促进创新的发展。通过应用 TRIZ，他们在解决技术问题、改进产品和流程、提升创新能力等方面取得了显著的成果。这些实践应用的经验和案例丰富了 TRIZ 的实践方法和最佳实践。从业者们分享了自己在应用 TRIZ 过程中的经验和教训，总结出一些应用 TRIZ 的指导和支持。这些经验和指导可以帮助其他从业者更好地掌握和应用 TRIZ，提高问题解决和创新的效果。

在应用拓展阶段，TRIZ 的应用范围不断扩大，涉及的领域也越来越广泛。除传统的工程和产品设计领域外，TRIZ 还被应用于管理和组织创新、创业创新、可持续发展等领域。这些应用拓展使得 TRIZ 成为一个更加全面和综合的创新工具，为不同领域和问题的创新提供了支持。

总结起来，应用拓展阶段是 TRIZ 发展的重要阶段。TRIZ 的实践应用开始在不同领域和问题中得到广泛应用，为 TRIZ 的应用范围提供了更多的拓展。从业者们的实践经验和案例丰富了 TRIZ 的实践方法和最佳实践，为其他从业者提供了应用 TRIZ 的指导和支持。这些应用拓展使得 TRIZ 成为一个更全面和综合的创新工具，为不同领域和问题的创新解决方案提供了有力支持。

4. 全球推广阶段（进入 21 世纪以来）：在全球推广阶段，TRIZ 的影响力逐渐扩大，开始在全球范围内得到认可和应用。TRIZ 协会和其他组织在全球范围内积极推动 TRIZ 的研究、培训和应用。

TRIZ 的理论和方法被纳入创新管理、问题解决和创造思维等领域的教育和培训中。这是因为 TRIZ 提供了一套系统化和科学化的方法来解决问题和创造创新解决方案。

在全球范围内，越来越多的企业和组织开始意识到 TRIZ 的价值，并积极应用 TRIZ 来提高创新能力和解决复杂问题。一些跨国公司和研究机构也开始将 TRIZ 纳入创新管理的重要工具之一。

TRIZ 的推广还得到了各国政府和教育机构的支持。一些国家建立了 TRIZ 研究中心和培训机构，推动 TRIZ 在当地的普及和应用。TRIZ 的培训课程也被纳入了大学和企业的教育计划中，培养学生和员工的创新思维和问题解决能力。此外，TRIZ 的方法也被应用于各个领域，如工程、制造、设计、信息技术、医疗和能源等。TRIZ 的应用案例不断涌现，为各行各业带来了创新和改进的机会。

总之，在全球推广阶段，TRIZ 的影响力逐渐扩大，被越来越多的人和组织认可和应用。TRIZ 的理论和方法成为创新管理、问题解决和创造思维等领域的重要工具，为全球的创新和发展做出了积极贡献。

近年来，TRIZ 的发展与数字化和技术发展的融合密切相关。这是因为随着人工智能、大数据分析等技术的迅速发展，TRIZ 的应用得到了更多的工具和方法支持。

> **思考题**
>
> 1. TRIZ 的核心理论和方法是什么？它是如何帮助解决技术问题和推动创新的发展的？
> 2. TRIZ 在苏联时期的发展和应用与当时的创新环境和需求有何关系？苏联政府是如何支持和推动 TRIZ 的发展的？
> 3. TRIZ 的应用范围和领域有哪些拓展？它是如何应用于不同领域和问题中，提供创新解决方案和改进机会的呢？

1.2　TRIZ 的基本思想

一、TRIZ 的基本原理

TRIZ 是一套系统性的创新方法和问题解决方法论，它基于一系列的基本原理来指导创新和问题解决的过程。

（一）矛　盾

在 TRIZ 中，矛盾是一个重要的概念，它指的是两个或多个相互冲突的要求或条件。矛盾存在于创新和问题解决的过程中，因为通常情况下，不同的要求之间存在冲突，满足一个要求可能会牺牲另一个要求。

TRIZ 通过分析和解决矛盾来推动创新和问题解决的过程。它提出了一种系统化的方法来处理矛盾，以找到最优的解决方案。下面是 TRIZ 处理矛盾的一般步骤：

1. 确定矛盾：首先，需要明确并定义存在的矛盾。矛盾可以是明显的，也可以是潜在的。通过仔细分析问题和需求，找出相互冲突的要求或条件。

2. 分析矛盾：一旦矛盾被确定，接下来需要进行深入的分析。这包括确定矛盾的根本原因、了解矛盾的影响范围以及评估各个方面的权重和重要性。

3. 寻找解决方案：在分析矛盾的基础上，开始寻找解决方案。TRIZ 提供了一系列的创新原则和技术，可以帮助人们解决矛盾。这些原则包括利用矛盾、转化资源、改变结构等。

4. 评估和选择解决方案：在找到一些潜在的解决方案后，需要对它们进行评估和选择。评估解决方案的效果、可行性和可持续性，并选择最佳的解决方案。

5. 实施优化：一旦解决方案被选择，需要将其实施并进行优化。这可能涉及设计和工程方面的工作，以确保解决方案能够有效地解决矛盾，并满足各个要求。

通过分析和解决矛盾，TRIZ 帮助人们寻找创新的解决方案，从而推动创新和问题解决的过程。它鼓励人们超越传统的权衡和妥协，找到满足多个要求的最佳解决方案，并提供了一系列的原则和方法来指导这一过程。

（二）资　源

在 TRIZ 中，资源指的是可用于解决问题和推动创新的各种资源，包括物质资源（如材料、工具、设备）、知识和技术资源（如专业知识、经验、技术方法）等。

TRIZ 鼓励充分利用现有的资源，而不是过分依赖于新的发明或创造。这是因为创新和问题解决常常需要大量的资源，而创造新的资源可能会导致时间和成本的增加。

TRIZ 提倡寻找已有的资源和技术来解决问题的方法。下面是 TRIZ 在资源利用方面的一些原则和方法：

1. 搜索现有解决方案：TRIZ 鼓励人们首先查找已经存在的解决方案，尤其是在相似领域或类似问题上的解决方案。这样可以避免重复劳动和资源的浪费，同时也可以借鉴和改进现有的解决方案。

2. 利用资源的多功能性：TRIZ 强调资源的多功能性。资源通常可以在不同的环境和条件下发挥不同的作用。通过寻找资源的多种用途和应用，可以更有效地利用已有的资源。

3. 转化资源：TRIZ 鼓励人们将现有的资源转化为满足其他需求的资源。这可以通过改变资源的形态、结构或组合方式来实现。通过转化资源，可以满足新的需求，而无须依赖于新的发明或创造。

4. 利用现有知识和技术：TRIZ 强调利用已有的知识和技术来解决问题。通过研究和应用已有的知识和技术，可以避免重复研发和重新发明，从而节省时间和资源。

通过充分利用现有的资源，TRIZ 鼓励人们在创新和问题解决的过程中更加高效和可持续。这种资源导向的方法可以帮助人们避免不必要的浪费，提高解决问题和创新的效率，并为可持续发展提供支持。

（三）系统性思维

系统性思维强调将问题置于一个更广泛的系统背景中进行思考和分析。系统性思维要求人们将问题看作一个整体系统中的一部分，而不仅仅是孤立的个体问题。这种思维方式有助于寻找更有效的解决方案，并避免局部优化带来的负面影响。

TRIZ鼓励人们将问题与整体系统的目标和约束联系起来。下面是系统性思维在TRIZ中的一些关键点：

1. 系统视角：TRIZ要求人们从整体系统的视角来看待问题。这意味着要考虑问题所处的环境、系统的各个组成部分以及它们之间的相互作用。通过理解和分析系统的结构和功能，可以更好地把握问题的本质和影响因素。

2. 系统目标：TRIZ要求人们将问题与系统的目标联系起来。问题的解决应该符合系统整体的目标，而不是仅仅追求个别部分的改进。这样可以确保解决方案的有效性和可持续性，避免因局部优化而导致其他问题的产生。

3. 系统约束：TRIZ要求人们考虑系统的约束条件。这包括资源限制、技术限制、法律法规等各种约束。通过认识和理解系统的约束条件，可以帮助人们寻找符合约束的解决方案，并避免因违反约束而导致的问题。

4. 系统优化：TRIZ鼓励人们寻求系统范围的优化。这意味着要通过综合考虑系统的各个方面，找到既能满足问题需求又能提升整个系统效能的解决方案。通过系统优化，可以实现更大范围的改进和创新。

通过系统性思维，TRIZ帮助人们从整体的角度来思考和解决问题。这种思维方式可以帮助人们更全面地理解问题和系统的相互关系，从而找到更有效的解决方案。系统性思维对于创新和问题解决的成功至关重要，它可以提高解决方案的质量和可持续性，促进系统的整体发展和改进。

（四）理论和知识的应用

TRIZ基于对历史发明和创新案例的广泛研究和分析，形成了一系列的创新原理和解决问题的方法。这些原理和方法被用于指导创新和问题解决的过程，帮助人们更系统地思考和解决问题。TRIZ的理论和知识应用主要包括以下几个方面：

1. 创新原理：TRIZ总结了大量的创新案例和发明，并从中提炼出一系列的创新原理。这些原理描述了不同领域的创新模式和规律，为问题解决和创新提供了指导。例如，利用矛盾、转化资源、改变结构等原理可以帮助人们思考和设计创新的解决方案。

2. 解决问题的方法：TRIZ提供了多种解决问题的方法。这些方法基于对问题的分析和理解，通过应用创新原理和技术，帮助人们寻找解决问题的途径。例如，矛盾矩阵是一种常用的方法，它将不同的矛盾类型和解决原则进行对应，指导人们选择合适的解决方案。

3. 知识库和工具：TRIZ建立了一个广泛的知识库和工具集，包括发明原理、创新模式、技术效应等。这些知识和工具可以帮助人们更快速地获取和应用相关的知识，加速问题解决和创新的过程。例如，TRIZ软件工具可以提供丰富的知识库和搜索功能，帮助用户在解决问题时快速找到相关的解决方案和案例。

通过应用TRIZ的理论和知识，人们可以更系统地思考和解决问题。TRIZ提供了一系列的原则、方法和工具，帮助人们从历史发明和创新案例中汲取经验和知识，指导创新和问题解决的过程。这种理论和知识的应用使得创新和问题解决更加科学、系统化，提高了解决方案的质量和效率。

（五）模式识别

模式识别指的是通过研究和分析大量的创新案例和发明，从中提取出通用的模式和规律，以指导创新和问题解决的过程。

TRIZ 通过识别和应用这些模式来解决问题，这样可以借鉴和利用过去的成功经验，并避免重复劳动和重复发明。下面是模式识别在 TRIZ 中的一些关键点：

1. 模式的识别：TRIZ 研究和分析大量的创新案例和发明，寻找其中的共同模式和规律。这些模式可以是特定的问题解决方法、创新原则、技术效应等。通过识别这些模式，人们可以理解和把握创新和问题解决的一般性规律。

2. 模式的应用：一旦模式被识别，TRIZ 鼓励人们在类似的问题或情境中应用这些模式。这可以帮助人们更快速、更有效地解决问题，避免从零开始的努力。通过应用已有的模式，人们可以借鉴成功的解决方案，提高创新和问题解决的效率和质量。

3. 创新模式的创造：除了识别和应用现有的模式，TRIZ 还鼓励人们创造新的创新模式。通过深入理解和分析问题，挖掘潜在的创新模式，并将其应用于解决问题的过程中。这种创造性的模式识别可以推动创新的发展，为问题解决带来更多的可能性。

模式识别在 TRIZ 中起到重要的指导作用。通过识别和应用模式，人们可以借鉴过去的经验和成功案例，避免重复努力，提高问题解决和创新的效率。同时，通过创造性的模式识别，人们可以不断推动创新和问题解决的边界，为创新带来更多的可能性和机会。

（六）逆向思维

逆向思维指的是从已知的解决方案或结果出发，反推回问题的本质和原因，以找到更好的解决办法。TRIZ 鼓励人们逆向思考和逆向分析问题，这种思维方式可以帮助人们发现新的视角和创新的解决方案。逆向思维在 TRIZ 中的应用包括以下几个方面：

1. 逆向分析：逆向思维要求人们从已有的解决方案或结果出发，反推回问题的本质和原因。通过分析已有的解决方案，人们可以发现其中的共同模式、原理和关键因素。这样可以帮助人们理解问题的本质和根本原因，从而找到更好的解决办法。

2. 反向提问：逆向思维要求人们反向提问问题。而不是仅仅关注如何解决问题，而是从问题的不同角度出发，问自己"为什么会出现这个问题？"或"有哪些因素导致了这个问题的发生？"这样可以帮助人们更全面地理解问题，并找到隐藏的根本原因。

3. 逆向创造：逆向思维还可以应用于创造性的过程。通过逆向思考，人们可以从已有的解决方案或产品中提取出关键的特征和功能，并将其重新组合、改变或扩展，以创造出新的解决方案或产品。这种逆向创造可以帮助人们发现新的创新机会和可能性。

逆向思维在 TRIZ 中具有重要的作用。通过逆向思考和逆向分析，人们可以超越传统的思维模式，发现问题的本质和根本原因，从而找到更好的解决方案。逆向思维激发了创新的灵感和洞察力，为问题解决和创新提供了新的视角和方法。

总的来说，TRIZ 的基本原理包括矛盾、资源、系统性思维、理论和知识的应用、模式识别、逆向思维和创造性解决方案。这些原理构成了 TRIZ 的核心思想和方法，为创新和问题解决提供了理论和实践的指导。通过运用这些原理，人们可以更系统地分析和解决问题，并生成创造性的解决方案。

二、TRIZ 的成功案例

TRIZ 的成功应用案例有很多，下面选取几个典型案例进行分析和讨论，阐述在这些案例中如何运用 TRIZ 的思想和方法解决问题并实现创新。

（一）水下油井修复技术

水下油井修复是石油行业中一个复杂而困难的问题，而 TRIZ 方法的应用可以帮助解决其中涉及的矛盾。

在水下油井修复中，存在一个矛盾：为了修复井口，需要将井口水密封以防止水进入井下，但这样会导致内部压力升高，使得修复工作难以进行。传统的方法可能无法解决这一矛盾，因为它们需要以牺牲另一方面的方式来解决矛盾。

然而，通过应用 TRIZ 的转化资源原理，这家石油公司找到了一个创新的解决方案。他们利用已有的技术和材料，将水密封材料替换为一种可溶解的材料。这种材料可以在修复过程中随着压力的增加而溶解，从而解决了水下油井修复中的矛盾。通过这种方式，他们能够在修复井口的同时维持合理的内部压力，实现了水下油井的修复。

这个案例展示了 TRIZ 方法在解决实际问题中的应用。通过运用 TRIZ 的转化资源原理，这家石油公司能够发现并利用已有的资源（可溶解的材料），将其转化为满足需求的解决方案。这种创新的思维方式帮助他们解决了传统方法无法解决的矛盾，实现了水下油井修复的成功。

这个案例说明了 TRIZ 方法的优势，它可以帮助人们超越传统的权衡和妥协，通过转化资源、解决矛盾等原则和方法，找到更好的解决方案。通过运用 TRIZ 的思想和方法，企业和组织可以在面对复杂和困难的问题时，寻找到创新的解决方案，推动持续改进和发展。

（二）垃圾填埋场气味控制

垃圾填埋场中产生的恶臭气味是一个严重的环境问题，而 TRIZ 方法的应用可以帮助解决这个问题。

在这个案例中，一家环境工程公司应用 TRIZ 方法来解决垃圾填埋场中的恶臭气味问题。他们通过应用 TRIZ 的改变结构原理，设计了一套气味控制系统，以控制和收集产生的气体，减少恶臭气味的扩散。

具体来说，他们将垃圾填埋场分为多个区域，并在每个区域都设置了气体收集系统。这些收集系统可以收集产生的气体，并将其导向集中处理设施。通过这种改变结构的方式，他们能够有效地控制和收集垃圾分解产生的恶臭气味，减少其对周围环境的影响。

这个案例展示了 TRIZ 方法在解决实际问题中的应用。通过应用 TRIZ 的改变结构原理，这家环境工程公司能够重新设计垃圾填埋场的结构，以实现恶臭气味的控制和收集。通过这种创新的思维方式，他们能够解决垃圾填埋场所面临的复杂的环境问题。

这个案例说明了 TRIZ 方法的优势，它可以帮助人们从不同的角度思考和解决问题，通过改变结构、优化设计等原则和方法，找到更好的解决方案。通过运用 TRIZ 的思想和方法，企业和组织可以在面对复杂和困难的问题时，寻找到创新的解决方案，推动环境保护和可持续发展。

（三）电子设备散热技术

在电子设备设计中，散热是一个重要的问题，而 TRIZ 方法的应用可以帮助解决散热问题。

在这个案例中，一家电子制造公司应用 TRIZ 方法来解决电子设备的散热问题。他们发现电子设备中存在一个矛盾：设备需要产生热量来运行，但过多的热量会导致设备过热，影响性能和可靠性。

通过应用 TRIZ 的利用矛盾原理，这家公司设计了一种具有高效散热功能的散热器。他们利用了气流和导热材料来有效地散热。散热器的设计将热量转移至散热板，通过增加散热板的表面积来提高散热效率。同时，他们利用气流来增加热量的流动，促进热量的散发。这种设计解决了热量产生和散热之间的矛盾，提高了电子设备的性能和可靠性。

这个案例展示了 TRIZ 方法在解决实际问题中的应用。通过应用 TRIZ 的利用矛盾原理，这家电子制造公司能够找到解决散热问题的创新方案。通过改变散热器的设计和结构，他们实现了更高效的散热，提升了电子设备的性能和可靠性。

这个案例说明了 TRIZ 方法的优势，它可以帮助人们从不同的角度思考和解决问题，通过利用矛盾、改变结构等原则和方法，找到更好的解决方案。通过运用 TRIZ 的思想和方法，企业和组织可以在面对复杂和困难的问题时，寻找到创新的解决方案，推动技术进步和产品优化。

（四）案例启示

在以上三个案例中，运用 TRIZ 的思想和方法解决问题并实现创新的关键在于以下几点：

1. 矛盾的识别和解决：TRIZ 帮助人们识别问题中的矛盾，并通过应用原则和技术来解决矛盾。在案例中，矛盾的解决使得问题得到有效的解决。

2. 资源的利用和转化：TRIZ 鼓励人们充分利用现有的资源，并通过转化资源来解决问题。在案例中，应用了转化资源原理，利用已有的技术和材料解决了问题。

3. 结构的改变和优化：TRIZ 鼓励人们改变系统的结构和组织方式，以实现更好的解决方案。在案例中，通过改变结构原理，设计出了更优化和高效的解决方案。

通过运用 TRIZ 的思想和方法，这些案例中的企业和组织能够解决复杂的问题，并实现创新。TRIZ 提供了一套系统性的方法和工具，帮助人们从不同的角度思考和解决问题，推动创新和持续改进。

三、TRIZ 的扩展和发展

TRIZ 在过去几十年中得到了广泛的应用和发展，在不同领域拓展出了多个应用分支。

（一）创新管理

创新管理是指组织和管理创新活动的过程，而 TRIZ 的原则和方法在创新管理中得到了广泛的应用。TRIZ 提供了一套系统化的方法和工具，可以帮助管理者和团队更好地进行创新策划、创新过程管理和创新资源的管理。下面是 TRIZ 在创新管理中的应用：

1. 创新策划：TRIZ 可以帮助管理者和团队制定创新策略和目标。通过分析和理解行业和市场的需求，以及内部资源和能力，可以利用 TRIZ 的原则和分析工具，识别创新机会和挑战，并制定切实可行的创新策略。

2. 创新过程管理：TRIZ 可以帮助管理者和团队有效地管理创新过程。TRIZ 提供了一系列的创新方法和工具，如矛盾矩阵、系统演化分析等，可以引导团队进行系统性和创造性的问题解决。通过应用 TRIZ 的原则和技术，可以提高创新过程的效率和质量，降低风险和成本。

3. 创新资源管理：TRIZ 可以帮助管理者和团队更好地管理创新资源。TRIZ 提供了一系列的原则和方法，如转化资源、改变结构等，可以帮助管理者充分利用现有的资源，并通过创新的思维方式寻找新的资源和合作伙伴。通过有效地管理创新资源，可以提高创新的成功率和效果。

通过应用 TRIZ 的思想和方法，创新管理可以更加系统化和科学化。TRIZ 的原则和工具可以帮助管理者和团队更好地理解和解决复杂的创新问题，提高创新的效率和质量。在创新管理中，TRIZ 提供了一个框架和方法论，帮助管理者和团队推动创新，实现组织的持续发展。

（二）服务业

在服务业领域，TRIZ 可以用来解决各种问题，迎接难题的挑战。服务业的特点是高度依赖人力和客户体验，因此提高效率、提升用户体验和创新服务模式成为行业从业者的关注重点。

TRIZ 的原则和方法可以帮助服务行业的从业者寻找创新解决方案，提高服务质量和效率。下面是一些 TRIZ 在服务业中的应用方式：

1. 矛盾分析：TRIZ 强调解决问题时需要找到问题的矛盾点。在服务业中，可能存在着服务质量和效率之间的矛盾。通过分析矛盾，可以找到解决方案，例如通过使用自动化技术来提高效率，但又不能影响服务的质量。

2. 创新原则：TRIZ 提出了一系列创新原则，如减少、合并、转化等。在服务业中，可以运用这些原则来创新服务模式，提供更便捷、个性化的服务体验。

3. 模式识别：TRIZ 强调对问题进行模式识别，找到已有解决方案的模式，并将其应用于当前的问题上。在服务业中，可以通过学习其他行业的最佳实践，寻找解决类似问题的方法，并进行改进。

4. 预测和趋势分析：TRIZ 鼓励从长远的角度思考问题。在服务业中，可以通过预测未来的趋势，例如技术发展、消费者需求变化等，来制定相应的创新策略。

总的来说，TRIZ 在服务业中的应用可以帮助从业者找到创新解决方案，提高服务质量和效率。通过运用 TRIZ 的原则和方法，服务业可以更好地应对各种挑战和问题，为客户提供更好的服务体验。

（三）软件开发

在软件开发领域，TRIZ 也可以被应用于解决各种复杂的问题和需求冲突。TRIZ 提供了一系列的原则和技术，可以帮助软件开发团队在开发过程中找到创新的解决方案。下面是一些 TRIZ 在软件开发中的应用方式：

1. 矛盾原理：软件开发中常常面临各种需求冲突和技术矛盾。TRIZ 的矛盾原理可以帮助开发团队识别并解决这些矛盾。例如，一个常见的问题是在提高软件性能的同时降低资源消耗。通过矛盾原理，可以找到解决方案，如利用更高效的算法或优化软件架构来提升性能，同时减少资源消耗。

2. 转化资源原理：TRIZ 的转化资源原理鼓励开发者将问题转化为资源，并寻找可行的解决方案。在软件开发中，可以将问题转化为软件功能或算法的优化。例如，通过转化资源原理，可以将一个原本需要大量计算资源的算法转化为更高效的算法，从而提升软件的性能。

3. 模式识别：TRIZ 强调对问题进行模式识别，找到已有解决方案的模式，并将其应用于当前的问题上。在软件开发中，可以通过学习和借鉴其他成功的软件项目，寻找类似问题的解决方案，并进行改进。

4. 预测和趋势分析：TRIZ 鼓励从长远的角度思考问题。在软件开发中，可以通过预测未来的技术发展、用户需求变化等趋势，来制定相应的创新策略。例如，根据市场趋势预测，将来可能会需要支持移动设备的应用，因此在软件开发过程中就可以提前考虑这方面的需求。

总的来说，TRIZ 在软件开发中的应用可以帮助开发团队解决复杂的问题和需求冲突。通过利用 TRIZ 的原则和技术，软件开发者可以改进软件架构、优化算法和提升用户体验。这样可以提高软件开发的效率和质量，满足用户的需求，并提升竞争力。

TRIZ 的扩展和应用还可以在其他领域中发现，如制造业、设计、医疗、能源等。随着 TRIZ 的不断发展和应用，它也在不断探索和适应新的领域和行业。

模块三　TRIZ 创新方法及其应用

思考题

1. 在上述案例中，TRIZ 的思想和方法如何帮助解决问题并实现创新？你认为这些案例中的解决方案是否可以应用于其他类似的问题？

2. TRIZ 在创新管理、服务业和软件开发等领域的应用有何共同之处？TRIZ 的思想和方法如何帮助企业和组织在这些领域中提高效率、提升质量和推动创新？

3. TRIZ 在不同领域的应用如何扩展和发展？你认为 TRIZ 可以在哪些领域和行业中继续发挥作用，并提供创新解决方案？

单元二　TRIZ 基本概念及知识

学习目标

1. 理解 TRIZ 的基本术语：学习 TRIZ 中的基本术语，如矛盾与冲突、系统和系统演化、创新和创新原则、技术和技术演化等；了解这些术语的定义和概念，为理解 TRIZ 的基本理论奠定基础。

2. 掌握 TRIZ 的基本理论：深入了解 TRIZ 的基本理论，包括矛盾矩阵、物质与场分析、资源分析、模型和模型演化、预测和趋势分析等；了解这些理论的原理和应用，以及如何运用它们解决问题和推动创新。

3. 学习如何运用 TRIZ 的基本理论：了解如何运用 TRIZ 的基本理论来解决问题和推动创新；学习如何应用矛盾矩阵来识别和解决问题中的矛盾，如何进行物质与场分析来分析系统和设计解决方案，如何进行资源分析来利用和转化资源，以及如何运用模型和模型演化来创造新的解决方案。

2.1　TRIZ 的基本术语

一、矛盾与冲突

在 TRIZ 中，矛盾与冲突是两个基本的术语。它们在问题解决和创新的过程中起着重要的作用。

（一）矛　盾

矛盾指存在于两个或多个相互冲突的要求或条件之间的不一致性。当满足一个条件时，可能会妨碍满足另一个条件，从而产生矛盾。在问题解决的过程中，矛盾是一个常见的难题，因为在满足一方面的需求时，往往会不可避免地损害其他方面的需求。

举个例子来说，我们以软件开发为背景，在软件开发中我们通常面临着各种矛盾。一个常见的矛盾是性能与资源消耗之间的冲突。提高软件性能往往会导致增加资源的消耗，比如 CPU 和内存的使用。这就意味着：如果我们追求更高的性能，就必须承受更大的资源开销。这是一个典型的矛盾情况，满足一方面的需求（性能）会阻碍满足另一方面的需求（资源消耗）。

解决矛盾的关键在于寻找平衡点或者权衡取舍。在软件开发中，我们可以通过优化算法或者改进系统架构来尽量减少性能和资源消耗之间的矛盾。但是，在实际操作中，我们需要仔细权衡不同的因素，根据具体情况做出决策。可能需要在性能和资源消耗之间进行折中，找到一个相对平衡的解决方案。

总之，矛盾是问题解决中常见的难题，需要我们在满足不同需求之间进行权衡和取舍。通过寻找平衡点和采取合适的策略，我们可以尽量减少矛盾带来的影响，并找到解决问题的最佳途径。

（二）冲　突

冲突指在解决问题或满足需求的过程中，不同部分之间存在的矛盾和对立。冲突在问题解决中是非常常见的，因为不同的需求和目标之间往往存在着冲突。

我们以产品设计为例，在设计一个产品时，我们可能会面临不同的需求和目标。比如，我们希望产品具有更丰富的功能，以满足用户的多样化需求。然而，提高产品的功能性往往会增加产品的复杂性，使用户难以理解和操作。这就构成了一个冲突，满足一个方面的需求（功能性）会阻碍满足另一个方面的需求（简单易用性）。

解决冲突的关键在于找到一个平衡点或者权衡取舍。在产品设计中，我们可以通过用户研究和用户反馈来了解用户的真实需求，并在功能和易用性之间进行权衡。可能需要在不同的方面进行折中，尽量满足用户的核心需求，同时减少复杂性和提高用户体验。

在解决冲突的过程中，沟通和合作也非常重要。不同的利益相关者可能对问题有不同的看法和需求，他们之间的冲突可能会导致问题的复杂化。因此，通过有效的沟通和协商，找到共识和平衡是解决冲突的关键。

总而言之，冲突是问题解决中常见的困扰，由于不同需求和目标之间的矛盾，我们需要通过权衡取舍和合作沟通来寻找解决方案。找到一个平衡点，尽量满足不同方面的需求，才能有效地解决冲突并实现问题的解决。

TRIZ 通过研究和分析大量的专利案例，总结出了一系列解决矛盾和冲突的原则和方法。这些原则和方法旨在帮助解决问题和创造创新解决方案。例如，通过转化资源原理，可以将问题转化为资源，从而解决矛盾和冲突。

在 TRIZ 中，矛盾和冲突的识别和解决是非常重要的，因为它们可以指导创新的方向和解决问题的方法。通过识别矛盾和冲突，并运用 TRIZ 的原则和方法，可以找到最佳的解决方案，提高效率、降低成本、优化设计，并实现创新的突破。

二、系统和系统演化

TRIZ 中的系统是指由多个相互作用的组成部分组成的整体。系统可以是物理系统（如机械系统、电子系统），也可以是非物理系统（如组织、流程）。系统中的各个部分相互作用，并共同实现系统的功能。

TRIZ 中的系统演化是指系统随着时间的推移，经历不断的变化和发展。系统演化的目标是改进系统的功能、性能和效率，以适应不断变化的需求和环境。系统演化可以通过引入新的元素、改变元素之间的相互关系、优化系统的结构和功能等方式实现。

TRIZ 提供了一些方法和原则来引导系统演化。

（一）资源的利用

资源的利用是 TRIZ 理论中的一个重要概念，它强调在问题解决和系统演化的过程中，充分利用已有的资源和能力来改进系统。

TRIZ 认为，大多数问题都可以通过重新组合和再利用已有的资源来解决，而不是依赖于新的资源或技术。这是因为已有的资源和能力通常是可靠和可行的，它们已经经过验证和实践，并且可以为问题的解决提供一些线索和方向。

资源的利用包括以下几个方面：

1. 资源的重新组合：通过重新组合已有的资源，可以创造新的解决方案。这可能涉及不同资源的组合、连接或配置，以满足新的需求或解决新的问题。

2. 能力的再利用：利用已有的能力和技术，可以在不引入新资源的情况下改进系统。这可能包括在不同领域或行业中寻找类似的问题和解决方案，并将其应用于当前的系统中。

3. 资源的优化利用：通过优化和最大化已有资源的使用效率，可以提高系统的性能和效率。这可能涉及改进资源的使用方式、减少资源的浪费或提高资源的利用率。

通过充分利用已有的资源和能力，我们可以实现系统的改进和优化，同时减少对新资源的依赖。这有助于降低成本、提高效率，并促进系统的可持续发展。

TRIZ 提供了一些方法和工具，如资源分析、函数分析等，来帮助识别和利用已有的资源和能力。这些方法和工具可以帮助系统设计者和问题解决者发现隐藏的资源和潜在的解决方案，从而实现资源的最大化利用。

（二）理想系统

理想系统指的是在没有限制和矛盾的情况下，系统达到完美状态的设想。TRIZ 提倡设想理想系统的目的是指导系统的演化方向，并为问题解决提供一个理想目标。

在理想系统中，系统能够完美地实现其功能，没有任何限制或约束。它可以在零成本、零资源消耗、零时间等条件下运作，并且能够实现最优的性能和效率。理想系统不受现实限制，其目标是体现最完美的状态。

设想理想系统的作用是指导系统演化的方向。通过设想理想系统，我们可以思考如何使现有系统更接近理想系统的状态。这可以帮助我们发现现有系统中的局限性和矛盾，并提供一个参考标准，以指导我们进行改进和创新。

设想理想系统的过程中，我们可以考虑以下几个方面：

1. 功能的完美实现：设想系统在没有限制的情况下，能够完美地实现其功能。我们可以思考如何消除功能上的不足或矛盾，以使系统更接近理想状态。

2. 资源的最优利用：理想系统能够在没有资源限制的情况下运作。我们可以思考如何更有效地利用已有的资源，减少资源的浪费或消耗，以实现资源的最优利用。

3. 矛盾的解决：设想理想系统可以帮助我们发现系统中的矛盾，并思考如何解决这些矛盾。通过解决矛盾，我们可以使系统更接近理想状态。

设想理想系统是 TRIZ 理论中的一个重要方法，它可以激发我们的创造力和想象力，帮助我们超越现有的限制和矛盾。通过设想理想系统，我们可以为系统的演化提供一个明确的目标，并指导我们在问题解决过程中寻找创新的方向和解决方案。

（三）矛盾的解决

矛盾的解决是 TRIZ 理论中的一个核心概念，TRIZ 认为矛盾是系统演化的推动力。通过解决系统中的矛盾，可以实现系统的改进和优化。

在 TRIZ 中，矛盾指的是系统中两个或多个相互冲突的要求或条件。满足一个条件往往会阻碍满足另一个条件，从而产生矛盾。解决矛盾的关键在于找到一个有效的方法，以满足甚至超越两个矛盾要求。

TRIZ 提供了一些方法和原则来解决矛盾，其中最重要的是矛盾矩阵和创新原理。矛盾矩阵是一种工具，用于分析矛盾的特征和解决方法。它基于 40 个技术参数和 39 个创新原理，帮助系统设计者找到解决矛盾的可能方法。

创新原理是 TRIZ 提出的一系列解决矛盾的思维模式和方法。这些原理包括分离原理、矛盾转化原理、逆向原理等，用于引导系统设计者思考如何解决矛盾和达到理想状态。

在解决矛盾的过程中，TRIZ 鼓励寻找非常规的解决方案。这可能涉及创新的技术、改变系统的结构或功能、引入新的元素或过程等。TRIZ 认为创新和突破常规是解决矛盾的关键，通过突破现有的限制和思维模式，可以找到更有效的解决方案。

通过解决矛盾，系统可以得到改进和优化。这意味着系统可以更好地满足需求、提高性能、降低成本、减少资源消耗等。解决矛盾是 TRIZ 理论中的一个重要方法，它帮助我们寻找创新的解决方案，推动系统的演化和改进。

（四）模型和工具

模型和工具是 TRIZ 理论中的重要组成部分，它们被用于分析和解决系统中的问题，并促进系统的演化。

1. 矛盾矩阵：矛盾矩阵是 TRIZ 中的一种工具，用于解决系统中的矛盾。矛盾矩阵基于 40 个技术参数和 39 个创新原理，帮助系统设计者找到解决矛盾的可能方法。通过在矛盾矩阵中匹配矛盾的特征，可以获取与之相关的创新原理，为问题的解决提供指导。

2. 创新原理：创新原理是 TRIZ 中的一系列思维模式和方法，用于解决系统中的矛盾和问题。TRIZ 提出了 40 个创新原理，包括分离原理、矛盾转化原理、逆向原理等。这些原理提供了一种启发式的思维方式，帮助系统设计者发现非常规的解决方案，推动系统的演化和改进。

3. 功能分析：功能分析是 TRIZ 中的一种方法，用于识别系统的功能和需求。通过对系统的功能进行详细分析，可以帮助我们理解系统的目标和约束，以及不同功能之间的相互作用。功能分析是解决问题和改进系统的重要基础。

4. 资源分析：资源分析是 TRIZ 中的一种方法，用于识别和利用系统中的资源。通过分析系统中的资源，包括物质资源、能力和技术等，可以帮助我们寻找资源的潜在价值和新的应用方式，以实现系统的改进和优化。

这些模型和工具提供了一种系统化的方法来分析和解决问题，促进系统的演化。它们帮助系统设计者思考问题，提供了创新的思维模式和指导，以寻找更有效的解决方案。通过应用这些模型和工具，可以提高问题解决的效率和质量，推动系统的持续改进和创新。

系统演化是 TRIZ 理论中的一个重要概念，它强调系统的发展和创新，并提供了一些方法和原则来引导系统演化的过程。通过系统演化，可以实现系统的不断改进和优化，以适应不断变化的需求和环境。

三、创新和创新原则

在 TRIZ（理论解决问题的发展理论）中，创新是指通过解决问题和矛盾，以及引入新的思想和方法，从而实现系统的改进和突破。

TRIZ 提出了一系列的创新原则，这些原则是指导创新和问题解决的思维模式和方法。

（一）分离原理

分离原理是 TRIZ 中的一种创新原则，它通过将不同的功能、部件或条件分离开来，使其独立运作，从而解决矛盾并提供更灵活的解决方案。

分离原理的基本思想是将系统中相互冲突的要求或条件进行分离，使它们能够独立运作，从而消除矛盾。通过分离，可以降低相互作用的复杂性，减少冲突和约束，并为解决方案的设计提供更多的灵活性。

我们利用下面的例子来说明分离原理的应用：

假设我们要设计一款电子设备，既要具有高性能的处理能力，又要保持小巧便携的尺寸。这里存在着处理能力和尺寸之间的矛盾：提高处理能力往往需要更多的电子元件和更大的散热系统，而这会增加设备的尺寸和重量。

应用分离原理，我们可以将处理能力和尺寸这两个功能进行分离。一种可能的解决方案是将处理能力集中在主设备上，而将其他附加功能（如存储、联网等）分离出来，通过外部设备或云端来实现。这样，主设备可以保持小巧便携的尺寸，而附加功能则可以通过其他方式满足。

另一个例子是汽车的发动机和驱动系统。传统汽车中，发动机和驱动系统是紧密耦合的，需要在一个机械系统中同时实现动力输出和控制。但这会导致矛盾：提高驱动系统的效率会增加发动机的负荷，而提高发动机的性能会增加驱动系统的复杂性。

应用分离原理，可以将发动机和驱动系统进行分离。例如，采用电动汽车的解决方案，将发动机和驱动系统分离开来，发动机只负责发电，而驱动系统则由电动机和电池组成。这样可以实现更高的能量转化效率和更灵活的动力控制，同时降低了发动机和驱动系统之间的冲突。

通过应用分离原理，我们可以将相互冲突的功能或要求分离开来，使它们独立运作，从而提供更灵活、更有效的解决方案。这有助于解决问题和优化系统设计，提高系统的性能和适应性。

（二）矛盾转化原理

矛盾转化原理是 TRIZ 中的一种创新原则，它的目标是将矛盾的条件转化为相互补充的条件，从而消除矛盾并实现更好的解决方案。

矛盾转化原理的基本思想是将矛盾的两个要求或条件转化为彼此相互支持的要求或条件，以实现更好的解决方案。通过矛盾的转化，可以克服或减少矛盾，使系统更加协调和高效。

我们利用下面的例子来说明矛盾转化原理的应用：

假设我们要设计一款笔记本电脑，既要具有长时间的电池续航能力，又要有高性能的处理器。这里存在着电池续航和处理器性能之间的矛盾：提高处理器性能往往会增加能量消耗，从而降低电池续航。

应用矛盾转化原理，可以将矛盾的条件转化为相互补充的条件。一种可能的解决方案是将处理器的性能与功耗的矛盾进行转化。通过提高处理器的能效，即在相同性能下降低功耗，可以减少对电池能量的消耗，从而提高电池续航能力。

例如，采用新一代的低功耗处理器、优化电源管理策略、采用节能的设计和材料等措施，可以降低处理器的功耗，同时保持较高的性能。这样，即使处理器性能提高，电池续航能力也能得到提升，实现了矛盾的转化和解决。

通过矛盾转化原理，我们可以将相互冲突的条件转化为相互支持的条件，从而消除矛盾并实现更好的解决方案。这有助于优化系统设计，提高系统的综合性能和效率。在实际应用中，我们可以通过改变条件、引入新的技术或方法，以及优化系统的结构和功能等方式来实现矛盾的转化。

（三）逆向原理

逆向原理是 TRIZ 中的一种创新原则，它通过反向思考问题，寻找与传统思维相反的解决方法。通过逆向思维，我们可以发现非常规的解决方案，从而实现创新和改进。

逆向原理的基本思想是从相反的角度考虑问题，并以此为基础来寻找解决方案。它要求我们打破传统的思维模式和假设，以创造性的方式思考问题，并提出与常规思维背道而驰的解决方法。

我们利用下面的例子来说明逆向原理的应用：

假设我们要设计一种防尘口罩，传统的口罩设计是以过滤空气中的微粒为主要目标。但传统的设计存在着呼吸阻力大、佩戴不舒适等问题。

应用逆向原理，我们可以从相反的角度考虑问题。而不是过滤空气中的微粒，我们可以考虑如何使口罩内部的空气保持清洁和洁净。这样的设计可以将污染物排出口罩，而不是阻挡它们进入。

例如，我们可以设计一种具有呼吸通道的口罩，使人在呼气时，污染的空气通过通道排出，而新鲜的空气则通过过滤器重新进入口罩。这种设计可以减轻呼吸阻力，提供更舒适的佩戴体验，并保持口罩内部的空气洁净。

通过逆向原理，我们可以打破传统的思维方式，寻找与常规相反的解决方法。这有助于发现创新的设计和解决方案，提供非常规的解决思路。逆向原理的应用可以帮助我们从新的角度思考问题，促进创新和系统的改进。

（四）多层次原理

多层次原理是 TRIZ 中的一种创新原理，它的思想是将系统分为不同的层次或级别，并在各个层次上寻找解决方案。通过在不同层次上进行改进，可以实现全面的系统优化。

多层次原理的基本思想是将系统分解为不同的层次或组成部分，并在每个层次上寻找改进和优化的机会。这样可以从不同的角度来考虑问题，为系统的演化提供更全面的解决方案。

我们利用下面的例子来说明多层次原理的应用：

假设我们要设计一辆汽车，我们可以将汽车分为多个层次或组成部分，如动力系统、传动系统、悬挂系统、车身结构等。每个层次都有自己的特点和要求，可以独立地进行改进和优化。

在动力系统层次上，我们可以考虑采用更高效的发动机或电动机，以提高燃油效率或能量转化效率。这可以通过改变燃烧方式、采用新的材料、优化设计等方式来实现。

在传动系统层次上，我们可以考虑采用更先进的传动技术，如无级变速器、双离合器传动等，以提高能量传递效率和驾驶舒适性。

在悬挂系统层次上，我们可以考虑采用更先进的悬挂技术，如自适应悬挂、电子控制悬挂等，以提高车辆的稳定性和操控性能。

在车身结构层次上，我们可以考虑采用轻量化材料和结构设计，以减少车辆的重量并提高燃油效率。

通过在不同层次上进行改进和优化，我们可以实现全面的系统优化。这种多层次的思考和改进方法有助于发现潜在的问题和矛盾，并为系统的演化提供更全面的解决方案。通过综合优化各个层次，可以提高整体系统的性能、效率和可靠性。

（五）联合原理

联合原理是 TRIZ 中的一种创新原理，它通过将不同的元素或部分联合起来，以创造新的功能或性能。通过联合不同的资源和能力，可以实现创新和系统的发展。

联合原理的基本思想是将不同的元素、部分或资源进行组合和协同，以创造新的价值和效果。通过联合，不同的元素之间可以相互补充、相互增强，从而实现创新和提升系统的能力。

我们利用下面的例子来说明联合原理的应用：

假设我们要设计一种智能手表，希望它具备除了显示时间之外的更多功能，如健康监测、通讯和支付等。

应用联合原理，我们可以将手表与其他设备或技术进行联合，以创造新的功能和性能。例如，我们可以将手表与智能手机进行联合，通过蓝牙连接和数据同步，实现更丰富的应用和功能。这样，用户可以在手表上接收消息、监测健康状况，并进行通讯和支付等操作。

另一个例子是联合不同的传感器技术，如心率传感器、加速度计和 GPS 等。通过将这些传感器联合起来，手表可以实时监测用户的心率、运动情况和位置信息，从而提供更全面的健康管理和运动追踪功能。

通过联合不同的元素、部分或资源，我们可以创造新的功能和性能，实现创新和系统的发展。联合原理强调资源的整合和协同，通过合理组合和利用不同的元素，可以提供更多的价值和效果。在实际应用中，我们可以考虑不同技术的整合、不同资源的互补，以及联合不同的系统或平台等方式，以实现创新和提升系统的能力。

（六）质量变化原理

质量变化原理是 TRIZ 中的一种创新原理，它指的是通过改变产品或系统的质量属性，如形状、大小、颜色等，以实现改进和创新。

质量变化原理的基本思想是通过改变产品或系统的质量属性，来引入新的特性、提升性能或改善功能。通过对质量属性的变化，可以实现创新和改进，从而满足新的需求或解决问题。

我们利用下面的例子来说明质量变化原理的应用：

假设我们要设计一种运动鞋，希望它在运动过程中能提供更好的减震效果，以减少对脚部的冲击。

应用质量变化原理，我们可以改变运动鞋的质量属性，如鞋底的材料或结构。通过使用更先进的减震材料，如气垫、减震胶等，可以实现更好的减震效果。这样，无论是跑步、跳跃还是其他运动动作，鞋子能够提供更好的缓冲和保护，减少对脚部的冲击。

另一个例子是手机摄像头的质量变化。随着技术的进步，手机摄像头的质量属性不断变化。通过改变摄像头的像素、光学组件、图像处理算法等，可以实现更高的拍摄质量、更多的功能和更好的用户体验。

通过应用质量变化原理，我们可以通过改变产品或系统的质量属性，提升性能、引入新的特性或改善功能。这种变化可以通过改变材料、结构、形状、大小、颜色等方式来实现。在实际应用中，我们可以根据需求和问题，在设计和创新过程中灵活运用质量变化原理，以满足用户的需求和实现系统的改进。

这些创新原则是 TRIZ 理论中的一部分，它们提供了一种启发式的思维方式，帮助人们超越常规思维，寻找创新的解决方案。TRIZ 鼓励系统设计者和问题解决者尝试不同的创新原则，并根据具体情况选择合适的原则应用于问题解决的过程中。

运用创新原则，可以促进创新和问题解决的质量和效率。它们可以帮助我们发现问题的根本原因，解决矛盾，打破限制，并为系统的演化提供新的方向和可能性。

四、技术和技术演化

在 TRIZ 中，技术是指用来解决问题和满足需求的工具、方法或系统。技术是人类创造的，包括物理技术、化学技术、信息技术等各种领域的技术。

技术演化是指技术随着时间的推移发展和演进的过程。在 TRIZ 中，技术演化是一个重要的观点，它认为技术在不断发展的过程中，会经历一系列的演化阶段和改进。

在演化的过程中，技术通常会经历以下几个阶段。

（一）初始阶段

技术在初始阶段可能是不成熟的、不完善的。它可能存在一些问题和限制，并不能完全满足需求。

（二）发展阶段

随着时间的推移，技术会逐渐发展和改进。在这个阶段，技术可能会经历一些重要的突破和创新，以提高性能、降低成本或改善功能。

（三）成熟阶段

在成熟阶段，技术已经得到广泛应用，并基本满足了需求。它可能经历了多次改进和优化，达到了相对稳定和可靠的状态。

（四）超越阶段

在超越阶段，技术进一步发展，并超越了先前的限制和局限。它可能通过引入新的原理、理念或范式，实现了更大的突破和创新。

在技术演化的过程中，TRIZ 提供了一些原则和方法，如技术预测、技术矩阵等，以帮助我们理解技术的发展趋势和演化规律。通过了解技术的演化，可以为问题解决和创新提供参考，并帮助我们预测和把握未来的技术发展方向。

总而言之，技术是用来解决问题和满足需求的工具或系统。在 TRIZ 中，技术演化是技术随着时间的推移发展和改进的过程。通过了解技术的演化规律和趋势，可以为问题解决和创新提供指导，并帮助我们预测和把握未来的技术发展方向。

> **思考题**
>
> 1. 为什么矛盾和冲突在问题解决和创新中如此重要？如何识别和解决矛盾和冲突，以实现最佳的解决方案？
>
> 2. TRIZ 提出了多个创新原则，如分离原理、矛盾转化原理和逆向原理等。你认为这些原则将如何帮助我们寻找创新的解决方案？请举例说明如何应用这些原则解决实际问题。
>
> 3. 技术演化指技术在时间推移中的发展和改进。你认为了解技术演化对问题的解决和创新有何帮助？如何利用 TRIZ 中的方法来预测和把握技术的发展方向？

2.2 TRIZ 的基本理论

一、矛盾矩阵

（一）矛盾矩阵概述

TRIZ 的基本理论是一套用于解决问题和促进创新的方法论。其中，矛盾矩阵是 TRIZ 理论中的一个重要工具。

矛盾矩阵是一种用于解决系统中的矛盾的分析工具。它基于 40 个技术参数和 39 个创新原理，帮助我们寻找解决矛盾的可能方法。

矛盾矩阵的基本结构是一个表格，其中包含了不同的技术参数。这些技术参数涵盖了物理参数（如重量、速度、温度等）、化学参数（如浓度、酸碱度等）、几何参数（如尺寸、形状等）等。每个技术参数都有一个范围，从较低到较高。

在解决问题时，我们可以通过矛盾矩阵找到与所面临的矛盾相关的技术参数。通过找到矛盾的特征和相关的技术参数，我们可以确定可能适用的创新原理，从而指导我们寻找解决矛盾的方法和思路。

例如，假设我们面临一个矛盾：在某个系统中，我们希望提高速度，但同时又要减少能量消耗。我们可以使用矛盾矩阵来分析这个矛盾。根据矛盾矩阵，我们可以找到与速度和能量消耗相关的技术参数。然后，我们可以查找相应的创新原理，如分离原理、矛盾转化原理等，以帮助我们解决这个矛盾。

矛盾矩阵是TRIZ理论中的一个重要工具，它提供了一个系统化的方法来分析和解决系统中的矛盾。通过使用矛盾矩阵，我们可以更准确地理解矛盾的本质，并为问题解决和创新提供指导。矛盾矩阵帮助我们从不同的角度思考问题，找到可能的解决方案，并促进系统的演化和改进。

（二）矛盾矩阵的40个技术参数及应用

矛盾矩阵是TRIZ理论中的一个工具，它基于40个技术参数，用于解决系统中的矛盾。下面列举的是这些技术参数，并分别提供了一个例子。

1. 重量：增加重量vs减少重量。例如，增加车辆的重量可以提高稳定性，但会增加燃油消耗。

2. 长度：增加长度vs减少长度。例如，增加一台电缆的长度可以扩展其覆盖范围，但会增加成本和资源消耗。

3. 面积：增加面积vs减少面积。例如，增加太阳能电池板的面积可以提高能量收集效率，但会增加成本和安装的困难。

4. 体积：增加体积vs减少体积。例如，减小手机的体积可以提高便携性，但可能会限制电池容量和功能。

5. 速度：提高速度vs降低速度。例如，增加汽车的速度可以提高行驶效率，但会增加安全风险和能量消耗。

6. 力：增加力vs减少力。例如，增加机械臂的力可以提高其操作能力，但可能会增加能源消耗和成本。

7. 温度：增加温度vs降低温度。例如，增加一个冷却器的温度可以提高冷却效果，但会增加能源消耗。

8. 压力：增加压力vs降低压力。例如，增加一个液压系统的压力可以提高动力输出，但可能会增加系统的复杂性和成本。

9. 能量：增加能量vs减少能量。例如，增加电池的能量密度可以延长电子设备的使用时间，但可能会增加成本和重量。

10. 动能：增加动能vs减少动能。例如，增加飞机的动能可以提高飞行速度，但会增加燃料消耗。

11. 功率：增加功率vs减少功率。例如，增加发动机的功率可以提高车辆的加速性能，但也会增加燃料消耗。

12. 能效：提高能效vs降低能效。例如，提高电器的能效可以减少能源消耗，但可能会增加制造成本。

13. 可靠性：提高可靠性vs降低可靠性。例如，增加一个机器的可靠性可以减少故障和维修成本，但可能会增加制造成本。

14. 灵活性：增加灵活性vs减少灵活性。例如，增加一个机器的灵活性可以适应不同的生产要求，但可能会增加复杂性和成本。

15. 精确度：提高精确度vs降低精确度。例如，提高测量仪器的精确度可以提高测量的准确性，但可能会增加成本。

16. 简化度：增加简化度 vs 减少简化度。例如，简化一个产品的设计可以降低制造成本，但可能会减少功能和性能。

17. 方便性：提高方便性 vs 降低方便性。例如，增加一台设备的操作界面的易用性可以提高用户体验，但可能会增加复杂性。

18. 自动化程度：提高自动化程度 vs 降低自动化程度。例如，增加一个生产线的自动化程度可以提高生产效率，但可能会增加成本。

19. 可维护性：提高可维护性 vs 降低可维护性。例如，设计一个设备以方便维护可以减少停机时间，但可能会增加设计和维护成本。

20. 安全性：增加安全性 vs 减少安全性。例如，增加一个机器的安全性可以降低事故风险，但可能会增加成本和限制操作。

21. 可逆性：增加可逆性 vs 减少可逆性。例如，设计一个可逆的反应过程可以提高能源利用效率，但可能会增加设备和操作复杂性。

22. 容量：增加容量 vs 减少容量。例如，增加一个储存设备的容量可以存储更多的数据，但可能会增加尺寸和成本。

23. 寿命：增加寿命 vs 减少寿命。例如，增加电池的寿命可以延长使用时间，但可能会增加成本和重量。

24. 稳定性：提高稳定性 vs 降低稳定性。例如，提高一个化学反应的稳定性可以提高产品质量，但可能会增加复杂性和成本。

25. 粒度：增加粒度 vs 减少粒度。例如，增加材料的粒度可以提高其表面积和反应速率，但可能会增加处理成本。

26. 精度：提高精度 vs 降低精度。例如，提高测量仪器的精度可以提高测量准确性，但可能会增加成本和复杂性。

27. 容错性：提高容错性 vs 降低容错性。例如，增加一个系统的容错性可以减少错误和故障，但可能会增加设计和成本。

28. 适应性：提高适应性 vs 降低适应性。例如，增加一个系统的适应性可以应对变化的环境和需求，但可能会增加复杂性和成本。

29. 可定制性：增加可定制性 vs 减少可定制性。例如，增加一个产品的可定制性可以满足不同用户的需求，但可能会增加制造成本。

30. 可迁移性：提高可迁移性 vs 降低可迁移性。例如，增加一个软件的可迁移性可以在不同的平台上运行，但可能会增加开发和测试的复杂性。

31. 可观测性：增加可观测性 vs 减少可观测性。例如，增加一个系统的可观测性可以提高问题排查和故障诊断的效率，但可能会增加传感器和监测设备的成本。

32. 可控性：增加可控性 vs 减少可控性。例如，增加一个系统的可控性可以提高操作和调节的精度，但可能会增加控制系统的复杂性和成本。

33. 可扩展性：提高可扩展性 vs 降低可扩展性。例如，增加一个系统的可扩展性可以方便后续的功能扩展和升级，但可能会增加初始开发成本和系统复杂性。

34. 自适应性：增加自适应性 vs 减少自适应性。例如，增加一个系统的自适应性可以适应不同的工作环境和条件，但可能会增加复杂性和成本。

35. 可复制性：增加可复制性 vs 减少可复制性。例如，增加一个生产过程的可复制性可以提高产品质量和一致性，但可能会增加严格的控制和监测要求。

36. 反应速度：提高反应速度 vs 降低反应速度。例如，提高传感器的反应速度可以实时检测变化，但可能会增加能量消耗和成本。

37. 精细度：增加精细度 vs 减少精细度。例如，增加测量仪器的精细度可以提高测量准确性，但可能会增加成本和复杂性。

38. 适用范围：增加适用范围 vs 减少适用范围。例如，增加一个产品的适用范围可以满足更多的用户需求，但可能会增加设计和制造成本。

39. 可靠性：提高可靠性 vs 降低可靠性。例如，提高产品的可靠性可以减少故障和维修成本，但可能会增加制造成本和复杂性。

40. 安全性：增加安全性 vs 减少安全性。例如，增加一个系统的安全性可以降低事故风险，但可能会增加成本和限制操作。

这些是矛盾矩阵中的40个技术参数。通过矛盾矩阵，我们可以根据具体的问题和矛盾，找到与之相关的技术参数，并寻找解决矛盾的创新原理和方法。矛盾矩阵提供了一种系统化的方法，帮助我们理解问题和矛盾的本质，并为问题的解决和创新提供指导。

（三）矛盾矩阵中的39个创新原理及应用

矛盾矩阵中的39个创新原理是一组用于解决系统中矛盾的思维模式和方法。下面列举的是这些创新原理，并分别提供了一个例子。

1. 矛盾解决原理：通过解决矛盾的条件，寻找相互补充的解决方法。例如，通过改变材料的特性，既提高强度又减少重量。

2. 矛盾转化原理：将矛盾的条件转化为相互支持的条件。例如，将厚度和刚度的矛盾转化为以弯曲为基础的结构设计。

3. 逆向原理：反向思考问题，寻找与传统思维相反的解决方法。例如，通过逆向思维，将一个问题的要求转化为相反的需求，从而找到新的解决方案。

4. 超越原理：超越现有的技术和方法，寻找更高级的解决方案。例如，通过引入新的原理和概念，超越传统的设计和制造方式。

5. 质量转化原理：通过改变产品的质量属性，实现改进和创新。例如，通过改变产品的形状、大小或颜色，提高产品的吸引力和市场竞争力。

6. 可逆性原理：增加系统的可逆性，从而提高效率和灵活性。例如，通过设计可逆的反应过程，提高能源利用效率。

7. 间接原理：通过引入中间环节或过程，解决直接冲突的问题。例如，通过引入中间媒介，实现两个部分之间的传递或转化。

8. 资源转化原理：将废弃资源或副产品转化为有价值的资源。例如，将废弃物利用为可再利用的原材料，实现资源的循环利用。

9. 中介原理：通过引入中介或中间状态，解决直接冲突的问题。例如，通过引入缓冲区或中间阶段，协调不同步骤之间的冲突。

10. 副产品利用原理：通过利用副产品或附加资源，创造新的价值和效益。例如，将副产品转化为新的产品或能源，实现资源的最大化利用。

11. 相对运动原理：通过引入相对运动或相对位置，解决直接冲突的问题。例如，通过相对运动，实现两个部分之间的协同工作或相互补充。

12. 预处理原理：在问题处理之前，对系统进行特殊处理，以减少冲突或提前解决问题。例如，在处理复杂的数据之前，进行数据清洗和预处理，以提高后续处理的效率和准确性。

13. 反馈原理：通过引入反馈机制，实现系统的自我调节和优化。例如，利用传感器检测和反馈信息，控制系统的输出，以维持稳定的工作状态。

14. 多功能原理：在一个部件或系统中实现多个功能，以提高效率和资源利用率。例如，将一个设备或工具设计成能够同时实现多种功能，减少资源和空间的浪费。

15. 可替代原理：通过寻找替代方案或方法，解决直接冲突的问题。例如，通过使用替代材料或技术，实现更高效、更经济的解决方案。

16. 部分或全部失效原理：通过有意识地使某些部分或全部失效，来解决直接冲突的问题。例如，通过牺牲某些功能或特性，以换取其他更重要的方面的提升。

17. 过程化原理：通过将问题转化为一个过程，以解决直接冲突的问题。例如，将复杂的任务分解为一系列的步骤和子任务，以便更好地管理和解决问题。

18. 反向化原理：通过倒转或逆转某些操作、过程或条件，来解决直接冲突的问题。例如，将逆向思维应用于设计和解决方案，以找到与传统思维相反的创新解决方案。

19. 换向原理：通过反转或重新安排某些元素、部分或条件的位置或顺序，来解决直接冲突的问题。例如，改变产品的组装顺序，以提高生产效率或优化用户体验。

20. 阶段性过渡原理：通过引入中间阶段或过渡状态，以解决直接冲突的问题。例如，将一个复杂的任务分解为多个阶段，以逐步实现目标并减少冲突。

21. 逆向思维原理：通过逆向思维，寻找与传统思维相反的解决方法。例如，通过逆向思考问题需求和约束，可以找到与常规思维背道而驰的创新解决方案。例如，传统上人们认为应该加强材料的强度来提高产品的耐久性，但逆向思维可能会考虑使用可溶解的材料，使产品在特定环境下能够自然降解，从而减少对环境的影响。

22. 预测原理：基于现有的趋势和模式，预测系统的发展和演化方向。例如，通过分析市场需求和技术发展，预测未来几年内某个行业的发展趋势，从而指导创新和竞争战略。

23. 反馈原理：通过引入反馈机制，实现系统的自我调节和优化。例如，根据传感器的反馈信息，调整控制系统的参数，以使系统更稳定和高效运行。

24. 引导原理：通过引导用户或系统在特定方向上行动，实现预期的结果。例如，通过设计友好的用户界面和引导提示，帮助用户顺利完成复杂的操作。

25．超越原理：通过超越现有的技术和方法，寻找更高级的解决方案。例如，通过引入新的理念、技术或原理，实现对现有问题的革命性改进。

26．质量转化原理：通过改变产品或系统的质量属性，实现改进和创新。例如，通过改变产品的形状、大小或颜色，提高产品的吸引力和市场竞争力。

27．可逆性原理：增加系统的可逆性，从而提高效率和灵活性。例如，设计一个可逆的反应过程，使得在需要时可以往前进行反应，而在不需要时可以往后进行反应，以提高能源利用效率。

28．间接原理：通过引入中间环节或过程，解决直接冲突的问题。例如，使用一个中介物质来传递能量或信息，以减少能量损耗或提高传输效率。

29．资源转化原理：将废弃资源或副产品转化为有价值的资源。例如，将废弃物利用为可再利用的原材料，实现资源的循环利用。

30．中介原理：通过引入中介或中间状态，解决直接冲突的问题。例如，通过引入缓冲区或中间阶段，协调不同步骤之间的冲突。

31．可观测性原理：增加系统的可观测性，以实现更好的监测和控制。例如，增加传感器的数量或精度，以提高对系统状态的观测能力。

32．可控性原理：增加系统的可控性，以实现更好的调节和管理。例如，引入更灵活的控制器或调节器，以提高对系统参数的精确控制。

33．可扩展性原理：设计系统时考虑到未来的扩展需求，以便更好地适应变化。例如，在产品设计中留下扩展接口或模块化结构，以便在需要时方便地进行功能或性能的扩展。

34．自适应性原理：使系统具备自我调节和适应变化的能力。例如，通过引入自适应算法或学习机制，使系统能够根据环境变化和反馈信息，自动调整参数或行为，以适应不断变化的需求和条件。

35．可复制性原理：设计系统时考虑到可复制和可扩展的特性，以便在需要时可以复制和部署相同的系统。例如，通过模块化设计和标准化接口，使系统可以容易地复制和扩展，以满足不同规模和需求的应用场景。

36．替代原理：通过寻找替代方案或方法，解决直接冲突的问题。例如，通过使用替代材料或技术，实现更高效、更经济或更环保的解决方案。

37．部分或全部失效原理：通过有意识地使某些部分或全部失效，来解决直接冲突的问题。例如，航天器的热保护层在进入大气层时会有意失效，以吸收和分散热量，保护载荷和减少热损失。

38．过程化原理：通过将问题转化为一个过程，以解决直接冲突的问题。例如，将复杂的任务分解为一系列的步骤和子任务，以便更好地管理和解决问题。

39．反馈原理：通过引入反馈机制，实现系统的自我调节和优化。例如，根据传感器的反馈信息，调整控制系统的参数，以使系统更稳定和高效运行。

以上是矛盾矩阵中的39个创新原理，这些原理提供了一种思维模式和方法，用于解决系统中的矛盾和问题。通过应用这些原理，我们可以寻找与问题相适应的创新解决方案，并推动系统的发展和改进。

二、物质与场分析

TRIZ 中的物质与场分析是 TRIZ 方法中的一个重要概念，它帮助人们理解物质和能量在问题解决过程中的作用。

物质是指我们所熟知的实体，如物体、材料等，它们具有质量和体积。场是指一种物质或能量在空间中的分布状态，它可以是电场、磁场、温度场等。物质和场相互作用，相互影响。

在 TRIZ 中，物质与场分析的基本思想是，通过改变物质和场的状态，可以解决问题并创造新的解决方案。通过分析物质和场的特性，可以找到创新的机会和潜在的解决方案。下面是物质与场分析的具体步骤。

（一）确定问题

首先要明确问题是什么，以及要解决的矛盾点在哪里。

（二）确定物质和场

确定与问题相关的物质和场，因为它们在问题中起着关键的作用。

（三）分析物质

分析物质的特性、组成和结构，了解它们的功能和局限性。

（四）分析场

分析场的特性、分布和强度，了解它们的影响和作用方式。

（五）改变物质和场

通过改变物质和场的状态和特性，寻找解决问题的创新方法，可以考虑增加、减少、改变物质和场的分布、强度、形状等。

（六）评估解决方案

对提出的解决方案进行评估，看其是否能够有效地解决问题，以及是否具备可行性和可实施性。

进行物质与场分析，可以帮助人们发现问题的解决新思路和创新的解决方案。它可以用于各个领域，如制造业、工程设计、产品开发等。通过系统性地分析物质和场的特性，可以提高创新问题解决的效率和质量。

三、资源分析

TRIZ 中的资源分析帮助人们理解和利用问题解决过程中的各种资源。在 TRIZ 中，资源是指能够解决问题、产生效果或实现目标的一切事物和元素。资源可以是物质的，如原材料、工具、设备等；也可以是非物质的，如知识、技能、人力资源等。资源可以是已经存在的，也可以是需要创造或开发的。

资源分析的基本思想是，通过充分利用已有的资源，可以找到创新的解决方案。下面是资源分析的具体步骤。

（一）确定问题

首先要明确问题是什么，以及要解决的矛盾点在哪里。

（二）确定资源

确定与问题解决相关的资源，包括物质资源和非物质资源。

（三）分析资源

对已有的资源进行分析，了解它们的特性、功能和限制。对于物质资源，可以分析其物理特性、用途和可用性；对于非物质资源，可以分析其知识、技能和能力。

（四）利用资源

通过创造性地利用已有的资源，寻找解决问题的方法和途径，可以考虑如何重新组合、改变资源的状态、利用资源的潜在功能等。

（五）评估解决方案

对提出的解决方案进行评估，看其是否能够有效地利用资源解决问题，以及是否具备可行性和可实施性。

进行资源分析，可以帮助人们发现问题解决的新思路和创新的解决方案。通过充分利用已有的资源，可以提高问题解决的效率和质量。资源分析可以用于各个领域，如制造业、工程设计、产品开发等。我们通过系统性地分析资源的特性和潜力，可以发现隐藏的创新机会。

四、模型和模型演化

在 TRIZ 中，模型和模型演化是用于解决问题和促进创新的重要概念。模型在 TRIZ 中指的是对问题或系统的简化和抽象表示。它帮助我们理解问题的本质、结构和关系，从而找到解决问题的方法。模型可以是物理模型、概念模型、数学模型等。通过建立模型，我们可以更加清晰地看到问题的本质，并发现创新的解决方案。模型演化是指在问题解决过程中，通过对模型的改进和变化，逐步发展出更好的解决方案。模型演化旨在通过改变模型的元素、关系和属性，以及引入新的概念和思维方式，来找到更有效的解决方案。

模型演化的基本思想是逐步优化和改进模型，通过不断地迭代和改变模型的各个方面，使得模型能够更好地反映问题的本质和特征，从而找到更创新和优化的解决方案。在 TRIZ 中，模型演化可以通过以下步骤实现。

（一）确定初始模型

根据问题的描述和分析，建立一个初始的模型，用于表示问题的结构和关系。

（二）识别矛盾和瓶颈

通过分析模型，识别出问题中的矛盾和瓶颈，即问题中相互冲突和制约的因素。

（三）提出改进措施

通过改变模型的元素、关系和属性，以及引入新的概念和思维方式，提出改进模型的措施。

（四）评估和选择方案

对提出的改进措施进行评估，选择最有希望的方案实施。

（五）迭代和演化

根据反馈和实践的结果，不断地迭代和改进模型，逐步优化和改进解决方案。

通过模型和模型演化，TRIZ 帮助人们从更深层次和更全面的视角来看待问题，发现创新的解决方法。通过逐步改进模型，可以找到更有效和创新的解决方案，并推动创新的发展。

五、预测和趋势分析

在 TRIZ 中，预测和趋势分析是用于探索未来发展方向和趋势的重要工具。

预测是指对未来事件或现象进行推测和估计。在 TRIZ 中，预测是通过分析现有的趋势、数据和模式，来推测未来的发展方向和可能的变化。预测可以帮助我们预先做好准备，制定相应的策略和行动计划。TRIZ 中的预测方法包括：趋势预测：基于已有的趋势和模式，推测未来的发展方向。环境分析：分析外部环境的变化和趋势，预测对问题解决和创新的影响。数据分析：通过收集和分析相关的数据，找出规律和趋势，进行预测。

趋势分析是指对已有的数据和现象进行分析，以发现其中的规律和趋势。我们通过趋势分析，可以识别出问题的根本原因和关键因素，从而为解决问题和创新提供指导和思路。TRIZ 中的趋势分析方法包括：

（1）趋势曲线分析：通过绘制和分析趋势曲线，了解数据的变化趋势和规律；

（2）模式识别：通过分析已有的模式和规律，识别出问题中的重复模式和趋势。

通过预测和趋势分析，TRIZ 帮助人们了解问题和创新的背后规律和趋势。我们通过对未来的预测，可以提前做好准备，制定相应的策略和行动计划。通过趋势分析，可以识别出问题的关键因素和优化方向，从而提供更好的解决方案。这些工具可以应用于各个领域，如市场趋势分析、技术发展预测等。

思考题

　　1．预测和趋势分析在商业领域的应用有哪些？请举例说明如何利用预测和趋势分析来指导商业决策和创新。

　　2．在工程设计中，如何利用模型和模型演化来寻找创新的解决方案？请举例说明如何通过模型演化来改进和优化设计。

　　3．资源分析在产品开发中的应用有哪些？如何通过资源分析来发现隐藏的创新机会和解决方案？请给出具体的案例说明。

单元三　TRIZ 创新方法的实践应用

学习目标

1. 了解物质场分析法的基本方法和步骤，能够应用该方法分析问题、解决问题。
2. 了解演化树分析法的基本原理和应用场景，能够使用该方法构建演化树并分析问题的演化过程。
3. 了解理想最终结果法的概念和应用，能够运用该方法设想和描述理想的最终状态，并将其用于指导问题解决和创新设计。

3.1　物质场分析法

一、物质场分析方法

物质场分析方法是物质场分析法的具体步骤和方法，用于系统地分析和解决问题。下面是物质场分析方法的基本步骤。

（一）确定问题

物质场分析方法中的第一步是确定问题。在这一步骤中，我们需要明确问题是什么，以及要解决的矛盾点在哪里。通过明确问题，我们可以有针对性地应用物质场分析方法来探索解决方案。

假设我们面临以下问题：如何减少家庭能源消耗，提高能源利用效率？

在这个问题中，我们可以明确问题是关于家庭能源消耗的，并且我们希望找到方法来减少能源消耗并提高能源利用效率。这个问题的矛盾点在于如何在满足家庭需求的同时减少能源消耗。

通过明确问题，我们可以将注意力集中在与能源消耗和效率相关的物质和场上。例如：物质方面，我们可以考虑家庭中的电器设备、绝缘材料、节能灯等；场方面，我们可以考虑家庭中的电力供应、温度控制等。这些物质和场是与问题相关的关键要素。

在这个例子中，明确了问题和矛盾点后，我们可以进一步应用物质场分析方法的其他步骤，如分析物质和场、改变物质和场状态、评估解决方案等，以探索如何减少家庭能源消耗并提高能源利用效率的创新解决方案。

通过明确问题，我们可以更加清晰地定义和界定要解决的挑战，有助于我们将物质场分析方法应用到实际问题中，并寻找创新的解决方案。

（二）确定物质和场

确定物质和场是物质场分析方法中的第二步，它是为了找到与问题相关的物质和场，并认识到它们在问题解决中的关键作用。通过确定物质和场，我们可以更加具体地分析它们的特性、功能和限制，为后续的分析和解决方案提供基础。

以下是一个例子来说明这一步骤的意义和过程：

假设我们继续以减少家庭能源消耗、提高能源利用效率的问题为例。

在这个问题中，我们可以确定以下与问题相关的物质和场：物质：家庭中的电器设备（如冰箱、洗衣机、空调等）、绝缘材料、节能灯等；场：家庭中的电力供应、温度控制等。

这些物质和场在问题解决过程中起着关键的作用。例如，家庭中的电器设备的能源消耗直接影响家庭能源利用效率；电力供应的稳定性和可靠性会影响能源消耗的稳定性；温度控制的合理性可以影响家庭能源的利用效率。

通过确定问题相关的物质和场，我们可以深入分析它们的特性和功能，了解它们的限制和潜在的创新机会。例如，我们可以进一步探索如何改进家电设备的能效、如何优化电力供应的稳定性、如何利用智能温控系统来提高能源利用效率等。

总之，通过确定与问题相关的物质和场，我们可以更加具体地理解问题的本质和关键因素，为后续的物质场分析提供基础，并帮助我们找到创新的解决方案。

（三）分析物质

分析物质是物质场分析方法中的一个重要步骤，它旨在深入了解与问题相关的物质的特性、组成和结构。通过对物质的分析，我们可以了解它们的功能、属性和局限性，为解决问题和寻找创新方案提供基础。

假设我们继续以减少家庭能源消耗、提高能源利用效率的问题为例。

在这个问题中，我们可以分析以下与问题相关的物质：冰箱：它的功能是保持食物新鲜，但是它的能耗较高，可能存在绝缘材料不足的局限性；洗衣机：它的功能是清洁衣物，但是可能存在水和电能耗较高的问题；节能灯：它的功能是提供照明，而且相较于传统灯具，它的能耗较低。

通过对这些物质的分析，我们可以深入了解它们的特性、组成和结构。例如，我们可以研究冰箱的绝缘材料的性能，并考虑如何改进绝缘材料以减少能耗；我们可以研究洗衣机的工作原理，探索如何优化其水和电的使用方式；我们可以比较传统灯具和节能灯的技术差异，了解为什么节能灯能够更低能耗。

通过分析物质，我们可以发现物质的功能和局限性，从而为解决问题和寻找创新方案提供启示。例如，在减少家庭能源消耗的问题中，我们可以考虑通过改进绝缘材料、优化洗衣机的工作方式、推广使用节能灯等方式来提高能源利用效率。

总之，通过对物质的分析，我们可以了解其特性、组成和结构，考虑其功能、属性和局限性，并从中寻找创新的解决方案。

（四）分析场

分析场是物质场分析方法中的一个重要步骤，它旨在深入了解与问题相关的场的特性、分布和强度。通过对场的分析，我们可以了解其影响方式、作用范围和变化规律，为解决问题和寻找创新方案提供基础。假设我们继续以减少家庭能源消耗、提高能源利用效率的问题为例。

在这个问题中，我们可以分析以下与问题相关的场：电力供应：它的特性包括供电稳定性、电压波动范围等；温度场：它的特性包括温度分布、温度调节方式等。

通过对这些场的分析，我们可以深入了解它们的特性、分布和强度。例如，我们可以研究电力供应的稳定性，了解电力波动对家庭能源消耗的影响；我们可以研究温度场的分布规律，了解不同区域的温度差异对能源利用效率的影响。

通过分析场，我们可以了解场的影响方式、作用范围和变化规律，从而为解决问题和寻找创新方案提供启示。例如，在减少家庭能源消耗的问题中，我们可以考虑通过优化电力供应的稳定性，减少电力波动对家庭设备的影响；我们可以探索如何合理调节温度场，以提高能源利用效率。

总之，通过对场的分析，我们可以了解其特性、分布和强度，考虑其影响方式、作用范围和变化规律，并从中寻找创新的解决方案。通过优化场的影响和作用，我们可以提高能源利用效率，从而解决问题和促进创新。

（五）改变物质和场

改变物质和场是物质场分析方法中的一个重要步骤，它旨在通过改变物质和场的状态和特性，寻找解决问题的创新方法。在这一步骤中，我们可以考虑增加、减少、改变物质和场的分布、强度、形状等，以寻找创新的解决方案。假设我们继续以减少家庭能源消耗、提高能源利用效率的问题为例。

在这个问题中，我们可以考虑通过改变物质和场的状态和特性来寻找创新的解决方法。例如：

首先，改变物质：增加绝缘材料的厚度和质量，以减少冰箱的能量损失；使用高效节能的洗衣机，减少水和电的消耗；推广使用节能灯，降低照明能耗。此外，改变场：优化电力供应的稳定性，减少电力波动对家庭设备的影响；合理调节温度场，提高能源利用效率，例如使用智能温控系统。

通过改变物质和场的状态和特性，我们可以寻找创新的解决方案，以减少家庭能源消耗和提高能源利用效率。这些改变可以涉及物质的属性、组成和结构的调整，以及场的分布、强度和作用方式的变化。

值得注意的是，改变物质和场时应综合考虑问题的复杂性和可行性。通过系统性的思考和分析，我们可以找到最合适的改变方式，并评估其对问题解决的效果和可行性。

总之，通过改变物质和场的状态和特性，我们可以寻找创新的解决方法。通过增加、减少、改变物质和场的分布、强度、形状等，我们可以优化问题解决过程，提高能源利用效率，并达到减少家庭能源消耗的目标。

（六）评估解决方案

评估解决方案是物质场分析方法中的一个关键步骤，它旨在对提出的解决方案进行全面评估，以确定其有效性、可行性和可实施性。通过评估解决方案，我们可以判断它是否能够解决问题，并在实施过程中是否可行和可接受。假设我们继续以减少家庭能源消耗、提高能源利用效率的问题为例。

在这个问题中，我们可能提出了一些解决方案，如增加绝缘材料厚度、使用高效节能洗衣机、推广使用节能灯、优化电力供应稳定性、合理调节温度场等。

评估解决方案时，我们可以考虑的方面有，有效性：评估解决方案是否能够有效地解决问题，即是否能够达到减少家庭能源消耗和提高能源利用效率的目标。这可以通过模拟、实验或数据分析等方法来验证；可行性：评估解决方案在技术、经济、环境和社会等方面的可行性。考虑解决方案所需的资源、成本、影响等因素，以及是否符合相关的法规和标准；可实施性：评估解决方案在实施过程中的可行性和可接受性。考虑解决方案的操作性、可持续性、用户接受度等因素，以确保解决方案能够成功实施并被广泛采纳。

通过评估解决方案，我们可以判断其优劣，并进行权衡和选择。有时候，可能需要对不同的解决方案进行对比和综合考虑，以找到最佳的解决方案。

例如，在评估解决方案时，我们可能发现增加绝缘材料厚度的方案在技术上可行、经济上可接受，并且能够有效地减少能源消耗。因此，我们可以认为这个方案是一个有潜力的解决方案，并值得进一步研究和实施。

总之，通过评估解决方案，我们可以确定其有效性、可行性和可实施性，以选择最佳的解决方案。这有助于确保我们的解决方案能够成功地解决问题并实现预期的目标。

物质场分析方法强调对问题的系统性思考和综合性分析。通过分析物质和场的特性和相互作用，可以找到创新的机会和潜在的解决方案。这种方法能够帮助人们从不同的角度和层面来看待问题，促进创新思维和解决问题的能力。

物质场分析方法可以应用于各个领域，如制造业、工程设计、产品开发等。通过系统性地分析物质和场的特性，可以提高创新问题解决的效率和质量。同时，物质场分析方法也需要结合实际情况和专业知识进行灵活运用，以获得最佳的解决方案。

二、物质场分析的优势和局限性

（一）物质场分析法的优势

1. 系统性思考：物质场分析鼓励系统性思考，将问题拆解为物质和场的组成部分，从而更全面地理解问题的本质和矛盾。这有助于找到创新的解决方案。

2. 创新机会发现：通过分析物质和场的特性、相互作用和变化规律，物质场分析能够识别出潜在的创新机会。它帮助人们从不同的角度和层面来看待问题，并找到突破传统思维的新思路。

3. 系统化的方法论：物质场分析提供了一套系统化的方法论，使问题解决过程更加有条理和结构化。它指导人们按照一定的步骤和原则进行问题分析和解决方案的探索，提高效率和质量。

4. 可应用于不同领域：物质场分析方法不局限于特定领域，可以应用于各个领域和问题类型，如制造业、工程设计、产品开发等。它具有普遍性和适用性。

（二）物质场分析法的局限性

1. 依赖问题定义和问题分析：物质场分析的有效性取决于问题的准确定义和深入分析。如果问题定义不明确或问题分析不充分，物质场分析可能无法提供有效的解决方案。

2. 数据和信息需求：物质场分析需要大量的数据和信息支持，包括物质和场的特性、作用方式、限制等。如果缺乏必要的数据和信息，物质场分析可能受到限制。

3. 可行性和实施性考虑：物质场分析可能提出的解决方案在可行性和实施性方面存在挑战。有时，解决方案可能在技术、经济、社会等方面面临限制，需要进一步的评估和调整。

4. 专业知识需求：物质场分析要求对物质和场的特性和相互作用有一定的专业知识和理解。缺乏相关知识可能会限制物质场分析的有效性和应用范围。

综上所述，物质场分析具有系统性思考、创新机会发现、系统化的方法论和可应用于不同领域的优势。然而，它也受到问题定义、数据和信息需求、可行性和实施性考虑，以及专业知识需求等局限性的限制。在应用物质场分析时，需要综合考虑这些因素，并结合实际情况进行灵活运用。

> **思考题**
>
> 1. 物质场分析方法在解决环境保护问题方面有哪些应用？请举例说明如何利用物质场分析方法来解决环境保护问题。
> 2. 物质场分析方法如何帮助企业优化生产流程和提高效率？请举例说明如何应用物质场分析方法来改进企业的生产过程。
> 3. 物质场分析方法如何应用于产品设计和创新？请举例说明如何利用物质场分析方法来优化产品的性能和功能。

3.2 演化树分析法

一、演化树分析法概述

（一）演化树分析法的基本原理和概念

演化树分析法的基本原理和概念是基于事物的演化过程构建一棵树状结构，以描述事物之间的关系和变化。它通过追踪事物的历史和发展，揭示事物之间的因果关系和相互影响。以下是对演化树分析法的基本原理和概念的详细解释：

1. 将演化过程表示为树状结构：演化树分析法将事物的演化过程表示为一棵树状结构，其中树的根节点代表起始状态，树的分支和节点代表事物的不同演化路径和状态。

2. 揭示事物之间的关系和变化：通过构建演化树，演化树分析法可以揭示事物之间的关系和变化。树枝表示事物之间的关联程度和演化方向，节点表示事物的状态或特征。

3. 追踪事物的历史和发展：演化树分析法强调追踪事物的历史和发展，从过去到现在，通过节点和树枝的连接，反映事物的变化和演化路径。

4. 描述因果关系和相互影响：演化树分析法帮助我们识别事物之间的因果关系和相互影响。通过观察和比较不同节点和树枝之间的关系，我们可以推断出事物之间的影响和作用。

5. 系统化的分析和理解：演化树分析法强调对事物的结构和关系进行系统化的分析和理解。它帮助我们从整体和综合的角度来看待事物的演化过程，而不仅仅是单个事件或状态的观察。

通过演化树分析法，我们能够更好地理解事物的演化过程和变化规律。它提供了一种可视化的方式来描述事物之间的关系和变化，从而为创新和问题解决提供指导。

（二）演化树的结构和组成

演化树的结构和组成是演化树分析的基本要素，它由树枝和节点构成，用于描述事物之间的关系和变化。以下是对演化树的结构和组成的详细解释：

1. 树枝：树枝是演化树中连接节点的线段，表示事物之间的关系和演化路径。树枝可以有不同的长度和方向，反映了事物之间的关联程度和演化方向。长度可以表示时间的流逝或演化的程度，方向可以表示事物的发展方向。

2. 节点：节点是演化树中的关键元素，代表特定时间点的状态或特征。节点可以表示事物的不同阶段、状态或特征的存在或变化。节点可以有不同的形状、颜色或标记，以表示不同的特性或状态。

演化树的结构和组成可以通过图形化的方式呈现，以便更好地理解事物之间的关系和变化。树枝和节点之间的连接形成了一个层级结构，反映了事物的演化过程和历史。

例如，假设我们研究某个产品的演化过程，我们可以使用演化树来描述它的发展。树枝可以表示产品不同版本之间的关系和演化路径，而节点则表示每个版本的特征、功能或改进点。

总之，演化树的结构由树枝和节点组成，树枝表示关系和演化路径，节点表示特定的状态或特征。通过构建演化树，我们可以更好地理解事物之间的关系和变化，以指导创新和问题解决。

（三）演化树分析的具体步骤和方法

演化树分析的具体步骤和方法包括构建演化树、分析演化树的结构和关系、解释演化树的含义以及探索创新机会。

1. 构建演化树：收集相关数据和信息，并确定演化树的根节点和分支结构。根据问题或研究的目标，选择合适的数据来源和分析方法。确定演化树的时间尺度和单位，以反映事物的演化过程。

假设我们研究一种草药的演化过程。我们可以从历史文献、植物学研究、传统知识等渠道收集相关数据，然后确定草药的起源和不同品种的分支结构。

2. 分析演化树的结构和关系：通过观察和比较不同节点和树枝之间的关系，识别事物之间的演化规律和因果关系。分析树枝的长度、方向和分支情况，了解事物的演化路径和关联程度。

接着上面的例子，在草药的演化树中，我们可以观察不同品种之间的关系，比较它们的遗传差异和形态特征。通过分析树枝的长度和方向，我们可以推断不同品种之间的亲缘关系和演化方向。

3. 解释演化树的含义：根据演化树的结构和变化，解释事物的演化过程和特征。探索演化树中节点和树枝的含义，理解不同节点的状态或特征的重要性和变化规律。

例如，在草药的演化树中，我们可以解释不同品种的特性和功效的变化，探索它们的进化途径和适应环境的策略。通过解释演化树的含义，我们可以理解草药的演化过程以及与其相关的药用特性的变化。

4. 探索创新机会：基于对演化树的分析，寻找创新的机会和潜在的发展方向。通过对演化树的理解，探索事物的未来发展趋势和可能的创新点。

在草药的演化树分析中，我们可以寻找具有特殊特性或潜在药用价值的节点，探索进一步研究和开发的机会。通过探索创新机会，我们可以为草药的利用和开发提供新的方向和可能性。

总之，演化树分析的具体步骤包括构建演化树、分析结构和关系、解释含义以及探索创新机会。通过这些步骤，我们可以更好地理解事物的演化过程，并从中获得创新的启示。

通过演化树分析，可以帮助我们更好地理解事物的演化过程和变化规律。通过构建演化树，并分析其结构和关系，我们可以揭示事物之间的联系和变化趋势，从而为创新和问题解决提供指导。

二、演化树分析的优势和局限性

（一）演化树分析法的优势

1. 揭示演化关系和变化规律：演化树分析可以帮助我们理解事物的演化关系和变化规律。通过构建演化树，可以清晰地显示不同节点之间的关系，以及演化路径的方向和变化。这有助于我们更好地理解事物的历史和发展。

2. 可视化和直观：演化树分析以图形化的方式呈现事物的演化过程，使复杂的关系和变化变得直观和易于理解。通过可视化表示，我们可以更好地观察和比较不同节点和树枝之间的关系，洞察事物的演化过程。

3. 发现创新机会：通过分析演化树，我们可以发现创新的机会和潜在的发展方向。了解事物的演化历程和特征变化，可以为创新提供启示和指导。演化树分析有助于识别突破和改进的可能性，推动创新和发展。

4. 综合性分析：演化树分析强调对事物的结构和关系进行系统化的分析和理解。它鼓励我们从整体和综合的角度来看待事物的演化过程，而不仅仅是单个事件或状态的观察。这有助于提供更全面和深入的分析结果。

（二）演化树分析法的局限性

1. 数据需求：演化树分析需要可靠和丰富的数据来支持构建和分析演化树。缺乏数据或数据不完整可能会限制演化树分析的有效性和可靠性。

2. 解释的主观性：演化树的解释可能受到个人主观判断的影响。不同的分析者可能会对树枝长度、节点含义等进行不同的解释，导致结果的主观性。

3. 不适用于所有问题：演化树分析的适用范围有限，特别是对于某些非线性或复杂系统的分析可能存在挑战。对于某些问题，其他分析方法可能更加适用。

4. 局部观察的限制：演化树分析主要关注事物的演化过程，可能忽略了其他因素的影响。局部观察的限制可能导致对整体演化过程的理解不完整。

综上所述，演化树分析具有揭示演化关系和变化规律、可视化和直观、发现创新机会以及综合性分析等优势。然而，它也面临数据需求、解释的主观性、不适用于所有问题以及局部观察的限制等局限性。在应用演化树分析时，需要综合考虑这些因素，并结合实际情况进行灵活运用。

思考题

1. 演化树分析法在产品设计和创新中的应用有哪些？请举例说明如何利用演化树分析法来指导产品设计和创新过程。

2. 如何利用演化树分析法来研究和优化企业的组织结构和业务模式？请举例说明如何应用演化树分析法来改进企业的组织和业务。

3. 演化树分析法如何应用于技术发展和科学研究？请举例说明如何利用演化树分析法来研究技术的演化过程和变化规律。

3.3 理想最终结果法

一、理想最终结果法概述

（一）理想最终结果法的核心原则

理想最终结果法是 TRIZ 方法中的一种重要工具和思维方式。它的目标是通过设想一个完美的最终结果来指导问题解决和创新设计的过程。理想最终结果法的基本思想是，通过设想一个完美的最终结果，即理想状态，来引导问题解决和创新设计的过程。这个最终结果是对问题的最优解或完全消除问题的设想。通过思考最终结果，可以激发创造性的想法和解决方案。

理想最终结果法的核心原则如下：

1. 完全消除问题：设想一个完全消除问题的最终结果，即没有问题存在的理想状态。

2. 反向思维：从最终结果出发，逆向思考如何实现这个完美的状态，而不是从现有问题出发思考如何解决问题。

3. 超越现有技术和资源：在设想最终结果时，不受限于当前的技术和资源条件，以激发创新思维。

在使用理想最终结果法时，可以按照以下步骤进行：

1. 确定问题：明确要解决的问题或挑战。

2. 描述理想最终结果：设想一个完美的最终结果，即没有问题存在的理想状态。

3. 分析矛盾：将现有的问题或挑战与理想最终结果进行比较，找出导致问题的矛盾因素。

4. 创造性地解决矛盾：通过应用 TRIZ 的其他工具和原理，找到创新的解决方案，以实现理想最终结果。

理想最终结果法的应用有助于打破思维定式，激发创新思维，并引导解决问题。它可以帮助人们超越当前的限制和约束，从更广阔和全面的视角来思考问题，从而找到更具创造性和更有效的解决方案。

（二）理想最终结果法的具体实施步骤

理想最终结果法是 TRIZ 方法中的一种重要工具和思维方式，用于引导问题解决和创新设计的过程。下面是理想最终结果法的具体实施步骤：

1. 确定问题：明确要解决的问题或挑战，并确保问题明确、具体。确保对问题有一个清晰的理解。

2. 设想理想最终结果：设想一个完美的最终结果，即没有问题存在的理想状态。这个状态应该是完全消除问题的设想。

3. 分析矛盾：将现有的问题或挑战与理想最终结果进行比较，找出导致问题的矛盾因素。识别问题中的矛盾是理想最终结果法的关键步骤。

4. 创造性解决矛盾：通过应用 TRIZ 的其他工具和原理，寻找创新的解决方案，以实现理想最终结果。这包括使用 TRIZ 的 40 个原则、逆向思维、资源转换等方法来解决矛盾。

在实施理想最终结果法时，可以按照以上步骤进行。首先，明确要解决的问题，然后设想一个完美的最终结果，接下来通过分析矛盾的因素来识别问题的根源矛盾，最后运用 TRIZ 的工具和原理寻找创新的解决方案。

需要注意的是，在实施理想最终结果法时，应充分运用 TRIZ 的其他工具和原理来支持和增强解决矛盾的能力。这包括使用矛盾矩阵、物质流分析、功能分析等。通过结合不同的 TRIZ 工具和原理，可以更好地解决问题和寻找创新的解决方案。

理想最终结果法的实施步骤可以根据具体的问题和情境进行适当的调整和扩展。在实践中，可以结合自己的经验和判断来灵活运用这些步骤，以获得最佳的结果。

二、理想最终结果法的优势和局限性

（一）理想最终结果法的优势

1. 创造性思维的激发：理想最终结果法通过设想一个完美的最终结果，激发了创造性思维。它帮助人们超越现有的限制和约束，从更广阔和全面的视角来思考问题，从而找到更创造性和有效的解决方案。

模块三　TRIZ 创新方法及其应用

2. 突破传统思维模式：理想最终结果法通过逆向思维，即从理想状态出发逆向思考如何实现该状态，帮助人们突破传统思维模式。它鼓励人们思考问题的根本原因和解决方案，而不仅仅是处理表面的症状。

3. 问题的全面解决：理想最终结果法通过设想一个完美的最终结果，可以帮助人们追求问题的全面解决。它不仅关注问题的局部优化，还着眼于实现理想状态的整体改进，从而实现更高层次的效益。

（二）理想最终结果法的局限性

1. 需要创新思维和想象力：理想最终结果法需要对问题和解决方案进行创新性的思考和想象力。这对于一些人来说可能是一个挑战，特别是在面对复杂和困难的问题时。

2. 实施难度和复杂性：理想最终结果法的实施可能会面临一些困难和复杂性。确定问题的最终状态和分析矛盾可能需要深入的领域知识和专业经验。此外，寻找创新的解决方案也可能需要额外的研究和实验。

3. 受限于现实条件：理想最终结果法的设想是不受限于现实条件的，但实际应用时仍然需要考虑现实的限制和约束，如技术可行性、资源可用性和成本效益等。因此，在实际应用中需要权衡理想状态和现实条件之间的平衡。

总的来说，理想最终结果法在 TRIZ 方法中具有许多优势，它可以激发创造性思维、突破传统思维模式，并追求问题的全面解决。然而，它也存在一些局限性，包括需要创新思维和想象力、实施难度和受限于现实条件。在实际应用中，需要综合考虑这些因素，以最大程度地发挥理想最终结果法的优势。

思考题

1. 如何应用理想最终结果法来解决环境保护方面的问题？请举例说明如何设想一个理想最终结果，并通过该结果指导解决环境保护问题。

2. 如何应用理想最终结果法来优化产品设计和功能？请举例说明如何设想一个理想最终结果，并通过该结果指导产品设计和功能改进。

3. 在企业管理和组织发展方面，如何应用理想最终结果法来推动创新和变革？请举例说明如何设想一个理想最终结果，并通过该结果指导企业管理和组织发展的改进。

单元四　TRIZ 创新方法的实际应用

学习目标

1. 了解 TRIZ 在电子行业中的应用，包括技术问题解决和实际案例。
2. 了解 TRIZ 在机械行业中的应用，包括技术问题解决和实际案例。
3. 理解 TRIZ 在不同行业中的应用原理和方法，能够运用 TRIZ 解决相关领域的问题和挑战。

4.1　TRIZ 在电子行业的应用

一、技术问题解决

（一）常见的电子行业技术问题

常见的电子行业技术问题包括但不限于以下几个方面：

1. 故障和损坏：电路板故障，如电路板上的焊接问题、线路短路等；元器件损坏，如电容、电阻或集成电路的损坏。

2. 电磁干扰和抗干扰：电磁兼容性问题，如电子设备之间的相互干扰或与外界电磁场的干扰；电磁辐射干扰，如电子设备的辐射造成其他设备的干扰或对人体健康的影响。

3. 散热和温度管理：高功率电子器件的散热问题，如功率放大器、集成电路等高功率元件的散热困难；温度过高导致的性能问题，如电子元器件的工作温度过高导致性能下降或故障。

4. 电源和能耗：电源稳定性问题，如电源噪声、电压波动等影响设备正常工作的问题；能耗优化，如如何在满足设备需求的前提下降低能耗。

5. 尺寸和重量：器件尺寸过大，如小型设备中需要更小尺寸的电子元器件；重量过重，如需要减轻设备的重量以提高便携性或降低成本。

6. 可靠性和寿命：元器件寿命短，如电子元器件的寿命不满足设备的使用寿命要求；系统可靠性问题，如设备在恶劣环境下的可靠性或长期运行的稳定性问题。

7. 设计复杂性：功能需求复杂，如设备需要满足多种功能需求，导致设计复杂度增加；设计冲突，如在实现一个功能需求时，会对其他功能产生冲击或牺牲其他功能。

这些问题的特点和挑战各不相同，但通过应用 TRIZ 的方法和工具，如理想最终结果法、矛盾矩阵、40 个创新原则等，可以辅助解决这些问题。TRIZ 提供了系统性的方法和创新原则，帮助在解决问题时寻找创造性的解决方案，并优化设计和改进电子设备的性能和可靠性。

（二）电子行业的问题特点和挑战

电子行业的问题特点和挑战主要包括以下几个方面：

1. 多学科交叉：电子行业的问题通常涉及多个学科领域，如电路设计、材料科学、封装技术、信号处理等。解决这些问题需要综合不同领域的知识和专业技能。

2. 技术更新迭代快：电子行业的技术日新月异，新的技术和产品不断涌现。这意味着在解决问题时需要跟上技术的发展和变化，持续学习和更新知识。

3. 复杂性和多变性：电子产品的设计和制造通常具有复杂的电路、系统和组件。问题解决涉及多个变量和因素的综合考虑，需要综合分析和综合优化。

4. 竞争和市场压力：电子行业的市场竞争激烈，产品的研发和上市时间非常紧凑。在问题解决过程中，需要在紧迫的时间和成本压力下进行，以满足市场需求和竞争要求。

这些问题特点和挑战给电子行业的技术问题解决带来了一定的复杂性和困难。为了应对这些挑战，需要采取系统性的方法和工具。TRIZ 作为一种系统性的问题解决方法，提供了多种工具和原则，如理想最终结果法、矛盾矩阵、40 个创新原则等，可以帮助解决电子行业中的复杂问题。通过应用 TRIZ 的方法，可以更好地理解和分析问题，找到创造性的解决方案，优化设计和改进电子产品的性能和竞争力。

TRIZ 的应用在电子行业的技术问题解决中可以提供新的视角和创新思维，帮助克服技术挑战，找到更有效和可行的解决方案。通过运用 TRIZ 的工具和原则，可以加速创新和改进的过程，提高电子产品的性能、可靠性和竞争力。

（三）TRIZ 在解决电子行业技术问题中的应用

TRIZ 在解决电子行业技术问题中的应用可以通过以下方式实施：

1. 利用矛盾矩阵：TRIZ 的矛盾矩阵是一个用于解决矛盾问题的工具。我们通过矛盾矩阵，可以识别和解决电子行业中常见的矛盾。矛盾矩阵将常见的矛盾类型与相应的创新原则联系起来，帮助寻找创新的解决方案。

2. 运用 40 个创新原则：TRIZ 提供了 40 个创新原则，这些原则是从大量的专利和创新案例中总结出来的。我们根据问题的特点和挑战，可以运用适当的创新原则来解决电子行业的技术问题。这些原则提供了思维的启示，帮助发现新的解决方案。

3. 引用 TRIZ 的其他工具：除了矛盾矩阵和 40 个创新原则，TRIZ 还提供了其他工具和方法，如物质流分析、功能分析和资源转换等。这些工具可以用于分析问题的本质、优化设计和寻找创新解决方案。例如，我们通过物质流分析，可以识别不必要的物质流，并提出减少材料和能源消耗的创新方案。

4. 运用逆向思维：TRIZ 鼓励逆向思维，即从理想最终结果出发逆向思考如何实现该结果。通过设想一个完美的最终结果，可以激发创新思维，突破传统思维模式。逆向思维帮助人们从不同的角度思考问题，找到与现有解决方案不同的新途径。

通过应用 TRIZ 的方法和工具，我们可以更全面地理解、分析和解决电子行业中的技术问题。TRIZ 提供了系统性的方法和创新原则，帮助在解决问题时寻找创造性的解决方案，并优化设计和改进电子设备的性能和可靠性。

二、TRIZ 在电子行业中的应用案例

在电子行业中，TRIZ 方法被广泛应用于解决各种技术问题和推动创新。以下是一些具体的案例，展示 TRIZ 在电子行业中的应用，描述了应用 TRIZ 工具和方法的过程，并分析了解决方案的效果和实际应用情况：

【相关案例 1】解决电源稳定性问题

问题描述：某电子设备的电源稳定性问题导致设备在电网电压波动时性能不稳定。

应用 TRIZ 方法：使用矛盾矩阵和 40 个创新原则，分析电源稳定性问题的矛盾因素，并寻找创新解决方案。

解决方案：通过应用 TRIZ 原则中的"分离原则"，将电源与电网的波动分离开来，提出了使用稳压器和电池组的解决方案。

效果和应用情况：该解决方案成功提高了设备的电源稳定性，并在实际应用中取得了良好的效果，使设备能够在电网波动较大的情况下保持正常工作。

【相关案例 2】解决电磁兼容性问题

问题描述：某电子设备在工作时产生电磁辐射干扰，影响周围其他设备的正常工作。

应用 TRIZ 方法：使用物质流分析和功能分析，分析电磁干扰问题的根本原因，并寻找创新解决方案。

解决方案：通过优化电路布局和设计屏蔽措施，减少电磁辐射的产生和传播。

效果和应用情况：该解决方案有效降低了电磁干扰问题，提高了设备的电磁兼容性，并在实际应用中得到了验证。

这些案例展示了 TRIZ 在电子行业中的实际应用。应用 TRIZ 的工具和方法，如矛盾矩阵、40 个创新原则、物质流分析和功能分析等，能够帮助我们识别问题的矛盾因素，寻找创新解决方案，并优化设计和改进电子设备的性能和可靠性。在实际应用中，这些解决方案经过验证，取得了良好的效果，提高了设备的稳定性、兼容性和竞争力。

> **思考题**
>
> 1. 在电子行业中，如何运用 TRIZ 的方法和工具来解决电路板故障和元器件损坏等常见的技术问题？请举例说明。
>
> 2. TRIZ 在电子行业中如何应用物质流分析和功能分析来解决电磁干扰和抗干扰的问题？请举例说明。
>
> 3. 在电子行业中，如何应用 TRIZ 的逆向思维和 40 个创新原则来解决电源稳定性和散热问题？请举例说明如何运用 TRIZ 的方法和原则来寻找创新的解决方案。

4.2 TRIZ 在机械行业的应用

一、技术问题解决

机械行业是一个技术密集型领域，面临着各种技术问题和挑战。这些问题可能涉及机械设计、生产制造、工艺优化、系统集成等方面。TRIZ 作为一种系统性的问题解决方法，提供了一系列的工具和原则，可以帮助机械行业解决技术问题，推动创新和改进。

TRIZ 在机械行业的应用意义如下：（1）提高问题解决效率。TRIZ 提供了一套系统性的方法和工具，帮助机械行业在解决问题时更加高效和系统地分析和解决技术问题。（2）促进创新设计。TRIZ 鼓励创新思维和突破传统思维模式，通过应用 TRIZ 的创新原则和工具，可以帮助机械行业找到新的解决方案，推动创新设计和产品改进。（3）优化设计和工艺。TRIZ 的工具和方法可以帮助机械行业优化产品设计和工艺流程，提高产品的性能、可靠性和生产效率。（4）提高竞争力。通过应用 TRIZ 的方法，机械行业可以在技术问题解决和创新设计方面取得突破，提高产品的竞争力和市场占有率。

在机械行业中，常见的技术问题包括但不限于以下几个方面：（1）结构设计问题，如强度、刚度、稳定性等方面的设计问题。（2）运动控制和精度问题，如运动系统的精度、稳定性、响应速度等问题。（3）工艺优化问题，如生产工艺的效率、质量控制、成本管理等问题。（4）能源和资源利用问题，如能源消耗、资源浪费、环境影响等问题。（5）可靠性和寿命问题，如零部件寿命、系统可靠性、维修保养等问题。

这些问题具有复杂性和技术挑战，需要创新思维和系统性方法来解决。TRIZ 作为一种系统性的问题解决方法，可以通过应用 TRIZ 的工具和原则，如矛盾矩阵、40 个创新原则、物质流分析等，帮助机械行业分析问题的本质、寻找创新解决方案，并优化设计和工艺流程。TRIZ 的应用可以提高机械行业在技术问题解决和创新设计方面的效果，推动行业的发展和竞争力提升。

二、TRIZ 在机械行业中的应用案例

【相关案例 1】提高实训车辆蓄电池的储电量

问题描述：实训设置故障改变发动机运转时，使发电机无法发电，从而导致车辆电池被快速消耗。

应用 TRIZ 方法：运用 TRIZ 的矛盾矩阵和 40 个创新原则，分析结构设计问题中的矛盾因素，并寻找创新解决方案。

解决方案：将现有蓄电池进行改造，增加电力转换装置，使其能够通过外接电源进行自我充电，使得设备能够满足长时间使用要求，同时提高设备的性能和可靠性。

效果和应用情况：该解决方案成功满足了实训使用中的要求，解决了上述问题。

提高实训车辆蓄电池的储电量

【相关案例 2】解决手摇式车载举升机举升过程费力的问题

问题描述：手转动摇动手柄的力不足，导致举升失败。

应用 TRIZ 方法：运用 TRIZ 的物质流分析和功能分析，分析制造工艺流程中的瓶颈和问题，并寻找创新解决方案。

解决方案：使连杆可伸缩，并将摇动手柄和连杆与螺杆做成可拆卸的，在螺杆上部分空间可以伸长，增加力矩，解决举升过程费力问题。

效果和应用情况：该解决方案成功地解决了举升过程费力的问题，同时优化了设备的结构和空间布局。

解决手摇式车载举升机举升过程费力的问题

思考题

在机械行业中，如何运用 TRIZ 的方法和工具来解决结构设计问题？请举例说明如何应用 TRIZ 的矛盾矩阵和创新原则来优化机械结构设计，提高产品的性能和可靠性。

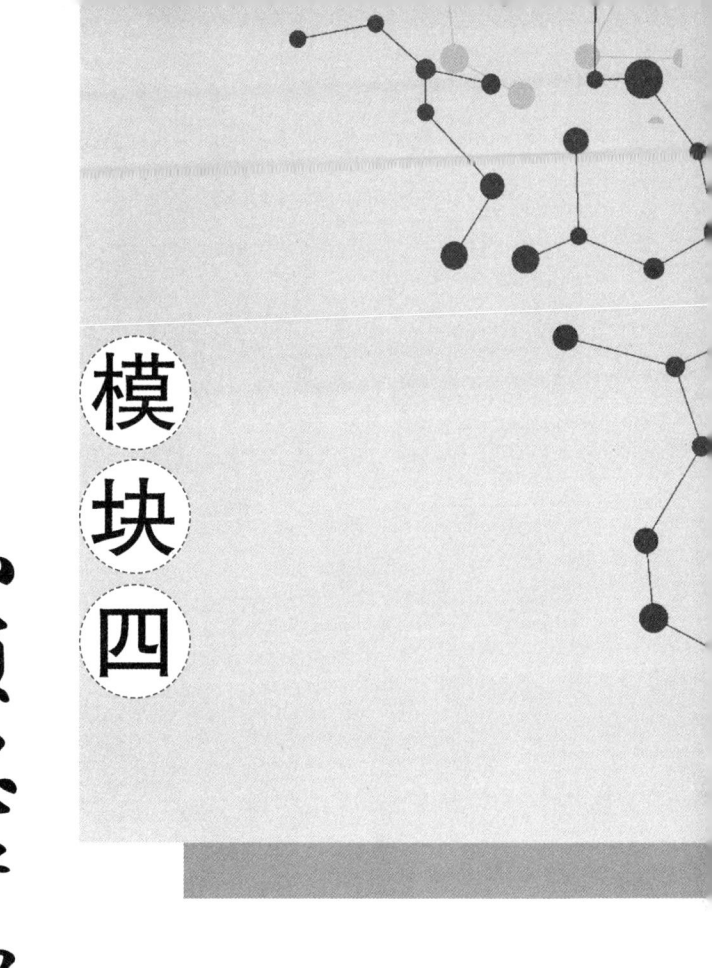

模块四 六顶思考帽方法及其应用

模块四　六项思考帽方法及其应用

单元一　六项思考帽方法概述

学习目标

1. 了解六项思考帽方法的起源、背景和发展历程。
2. 了解六项思考帽方法的变种和扩展，包括整合其他思考角色、引入其他颜色帽子、定制化应用和数字工具的应用。
3. 了解六项思考帽方法的应用领域和实际应用情况，包括如何在团队决策、创新思维和问题解决中应用六项思考帽方法。

1.1　六项思考帽的起源和发展

一、六项思考帽的起源和背景

（一）爱德华·德·博诺的贡献

六项思考帽是英国心理学家爱德华·德·博诺（Edward de Bono）于20世纪80年代提出的一种思考工具。作为创新和思维方式的先驱者，爱德华·德·博诺开创了许多创造性思维工具和方法，其中六项思考帽是他最著名的贡献之一。

爱德华·德·博诺在其著作《思维的六项帽子》（Six Thinking Hats）中首次提出了这个概念。他观察到：在日常思考和讨论中，人们往往以一种情绪或角色的方式进行思考，而这会导致思维的局限性。他提出了六项思考帽的概念，以帮助人们意识到不同的思维模式和角色，并从不同的角度进行思考。

六项思考帽分别代表了六种不同的思考角色或模式。每个角色都有其特定的思考方式和目标，有助于解决问题、促进创新和支持决策。

六项思考帽方法在教育、商业、创新和决策等领域得到了广泛应用，成为一种有效

133

的思维工具。它帮助人们培养多元化的思维方式,提高创造性思维和解决问题的能力,并促进团队合作和决策的效果。

爱德华·德·博诺提出了一个有趣的想法,他用不同颜色的帽子来代表不同的思考角色。每个思考帽代表着一种特定的思维模式,通过戴上不同的思考帽,人们可以从不同的角度思考问题,从而获得更全面、深入和多样化的思维结果。

(二)六项思考帽的颜色和对应的思考角色

1. 白帽(Objective Thinking Hat):代表客观、事实和信息的角色。戴上白帽,人们需要关注收集、整理和评估现有的信息,进行基于事实的分析和评估。

2. 红帽(Emotional Thinking Hat):代表情感和直觉的角色。戴上红帽,人们可以自由表达情感、直觉和个人感受,无须担心逻辑或合理性。

3. 黄帽(Positive Thinking Hat):代表积极和乐观的角色。戴上黄帽,人们需要关注问题的优点、好处和解决方案,鼓励积极地思考,提出具创造性的解决方法。

4. 黑帽(Critical Thinking Hat):代表批判性思维的角色。戴上黑帽,人们需要审慎地考虑问题的风险、缺点和问题,进行有针对性的分析和评估。

5. 绿帽(Creative Thinking Hat):代表创造性思维的角色。戴上绿帽,人们可以自由发散思维,尝试各种创新的想法和解决方案。

6. 蓝帽(Meta-Thinking Hat):代表整体思考和组织思维的角色。戴上蓝帽,人们需要引导和管理思维过程,确保思考的目标清晰、合理和有条理。

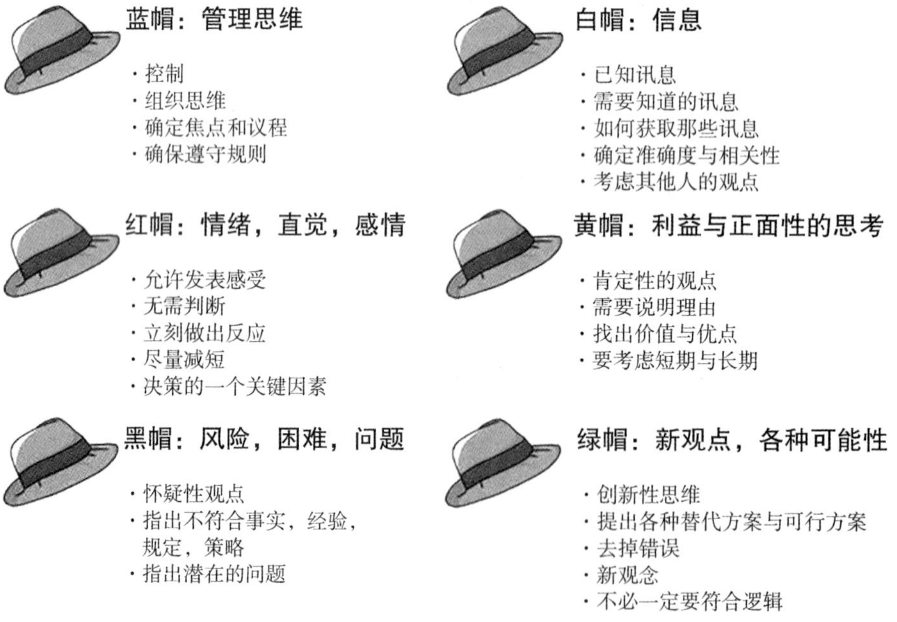

蓝帽:管理思维
- 控制
- 组织思维
- 确定焦点和议程
- 确保遵守规则

白帽:信息
- 已知讯息
- 需要知道的讯息
- 如何获取那些讯息
- 确定准确度与相关性
- 考虑其他人的观点

红帽:情绪,直觉,感情
- 允许发表感受
- 无需判断
- 立刻做出反应
- 尽量减短
- 决策的一个关键因素

黄帽:利益与正面性的思考
- 肯定性的观点
- 需要说明理由
- 找出价值与优点
- 要考虑短期与长期

黑帽:风险,困难,问题
- 怀疑性观点
- 指出不符合事实、经验、规定、策略
- 指出潜在的问题

绿帽:新观点,各种可能性
- 创新性思维
- 提出各种替代方案与可行方案
- 去掉错误
- 新观念
- 不必一定要符合逻辑

图 4-1 六项思考帽的颜色和对应的思考角色

通过使用六项思考帽,人们可以避免陷入一种思维模式的困境,从而拓展思维的广度和深度,促进全面和有针对性的思考。这种方法在教育、商业和团队合作等领域得到了广泛应用，被认为是一种有效的思维工具。

二、六项思考帽的发展和应用

（一）教育领域

在教育领域，六项思考帽被广泛应用，旨在帮助学生培养全面思考和批判性思维的能力。以下是该方法在教育中的发展和应用：

1. 提高思维质量：通过引入六项思考帽的概念和实践，教育者可以帮助学生提高思维质量。学生学会在不同的思维角色下思考问题，从而促进全面和有针对性的思考，避免片面、主观或情绪化的思维。

2. 培养批判性思维：六项思考帽强调了批判性思维的重要性。通过戴上黑帽，学生被鼓励审慎地考虑问题的缺点、风险和问题。这有助于培养学生的逻辑思维能力、分析能力和评估能力，使他们能够更全面地看待问题，并做出准确的判断和决策。

3. 促进合作与交流：六项思考帽可以在团队合作和课堂讨论中起到积极的作用。学生可以分别扮演不同的思维角色，轮流发表意见和观点，从而促进多元化的思考和交流。这有利于培养学生的合作能力、沟通能力和团队意识。

4. 创造性思维的培养：绿帽代表创造性思维的角色。通过戴上绿帽，学生可以自由发散思维，尝试各种创新的想法和解决方案。这有助于培养学生的创造性思维能力、想象力和创新意识。

5. 培养自主学习能力：六项思考帽鼓励学生主动参与思考和学习过程。学生可以根据需要选择合适的思考角色，自主地运用六项思考帽的概念进行思维训练，尝试着去解决问题。这有助于培养学生的自主学习能力、批判性思维和解决问题的能力。

总之，六项思考帽在教育领域的应用可以帮助学生培养全面思考、批判性思维、创造性思维和合作能力等重要的思维和学习能力。它为学生提供了一个系统而有趣的工具，能够激发他们的思考潜力，提高思维质量，并促进综合发展。

（二）商业和组织管理

在商业和组织管理领域，六项思考帽也被广泛应用，用于团队合作、决策制定和创新。以下是该方法在商业和组织管理中的发展和应用：

1. 团队合作：六项思考帽可以帮助团队成员在合作中更好地发挥各自的优势和角色。不同的思考帽代表不同的思维方式和角色，团队成员可以根据需要戴上相应的思考帽，从而促进多元化的思考和意见的交流。这有助于提高团队的创造力、解决问题的能力和决策的质量。

2. 决策制定：六项思考帽可以帮助管理者和决策者更全面地考虑问题和制定决策。不同的思考帽代表不同的思维角色，通过戴上不同的思考帽，管理者可以从不同的角度审视问题，考虑不同的因素和利益，从而做出更全面、客观和有效的决策。

3. 创新和问题解决：六项思考帽鼓励创新和问题解决。绿帽代表创造性思维的角色，通过戴上绿帽，团队成员可以自由发散思维，尝试各种创新的想法和解决方案。这有助于激发团队成员的创造力和创新意识，推动组织的创新和发展。

4. 沟通和协调：六项思考帽可以帮助改善组织内部的沟通和协调。不同的思考帽代表不同的思维方式和角色，通过统一的思考帽概念，团队成员可以更好地理解彼此的思维模式和观点，促进有效的沟通和协调。

5. 培养领导力：六项思考帽有助于培养领导者的领导力。领导者需要具备不同的思维能力和角色，能够从不同的角度思考问题，并做出合理的决策。通过运用六项思考帽的概念，领导者可以更好地引导团队，促进创新和解决问题，提高组织的绩效和竞争力。

总之，六项思考帽在商业和组织管理领域的应用可以帮助团队合作、决策制定和创新。它为组织提供了一个系统而有趣的工具，能够促进多元化的思考和意见交流，提高决策的质量和组织的绩效。通过六项思考帽的应用，组织可以更好地适应变化，创造价值，实现可持续发展。

（三）全球范围的应用

六项思考帽已经在全球范围内被广泛应用，并涉及教育、商业、政府和非营利组织等各个领域。以下是该方法在全球范围内的发展和应用情况：

1. 教育领域：六项思考帽在教育领域的应用非常普遍。许多学校和教育机构将六项思考帽作为一种教学工具，用于培养学生的思维能力、创造力和批判性思维。通过引入六项思考帽的概念和实践，教育者可以帮助学生发展全面思考的能力，并提高他们在学习和解决问题方面的表现。

2. 商业领域：六项思考帽在商业领域的应用非常广泛。许多公司和组织使用六项思考帽来促进团队合作、创新和决策制定。通过运用不同的思考帽，团队成员能够从不同的角度思考问题，提高问题解决的质量和效率。六项思考帽还可应用于战略规划、项目管理和创新设计等领域，有助于提升组织的竞争力和业绩。

3. 政府和非营利组织：六项思考帽在政府和非营利组织中的应用也越来越受重视。政府机构使用六项思考帽来改进政策制定和决策过程，从而提高公共服务的质量和效率。非营利组织也将六项思考帽作为一种工具，用于推动创新和解决社会问题。通过引入六项思考帽的概念，这些组织能够更加全面地考虑不同利益相关者的观点和需求，做出更明智的决策和行动。

总之，六项思考帽已经在全球范围内被广泛应用，涉及教育、商业、政府和非营利组织等各个领域。它被认为是一种有效的思维工具，能够帮助个人和组织提高思维质量、促进创新和解决问题。无论是在教育、商业还是社会领域，六项思考帽都发挥着重要的作用，为个人和组织的发展和成功做出贡献。

> **思考题**
>
> 1. 六顶思考帽方法在教育领域的应用如何帮助学生提高思维质量和创造性思维能力？请举例说明。
> 2. 在商业领域，六顶思考帽方法如何促进团队合作和决策制定？请举例说明如何运用六顶思考帽方法来优化商业决策过程。
> 3. 六顶思考帽方法在组织管理中的应用如何帮助提高组织的绩效和竞争力？请举例说明如何运用六顶思考帽方法来促进创新和问题解决。

1.2 六顶思考帽方法的变种

一、思考帽方法的整合

（一）思维技巧整合

思考帽方法与其他思维技巧和工具的整合，可以提供更全面、更系统的思考框架，帮助人们更好地分析问题、做出决策和解决复杂的挑战。以下是六顶思考帽方法与其他思维技巧的整合示例：

1. SWOT分析：SWOT分析是一种常用的战略分析工具，用于评估一个项目、产品或组织的优势、劣势、机会和威胁。将六顶思考帽方法与SWOT分析加以整合，可以让团队成员通过不同的思考角色从多个维度评估SWOT因素，并提供全面而有针对性的战略建议。

2. 因果图：因果图是用来分析问题的根本原因和影响因素的工具。将六顶思考帽方法与因果图加以整合，可以帮助团队成员在分析问题时从不同的思维角度思考，并将各种因果关系整合到因果图中，提高对问题的理解和解决效果。

3. 决策树：决策树是一种用于辅助决策制定的工具，指将各种可能性和决策选项以树状结构进行分析和比较。将六顶思考帽方法与决策树加以整合，可以帮助团队成员在分析决策选项时，使用不同的思考角色来考虑各种因素和后果，从而提供更全面和准确的决策支持。

通过整合六顶思考帽方法与其他思维技巧和工具，人们可以综合运用不同的思考角色和分析方法，获得更全面、深入和系统的思考结果。这种整合可以提供更多维度的思考框架，帮助人们更好地理解问题的本质，发现问题的根源，并制定出更有效的解决方案。

（二）设计思考与六顶思考帽

设计思考是一种以人为本、迭代式的创新方法，旨在解决复杂问题和设计出优质解决方案。将设计思考方法与六顶思考帽方法相结合，可以为团队提供一个综合的思维框架，从不同的角度和维度来思考问题和解决方案。以下是设计思考与六顶思考帽的整合：

1. 用户导向：设计思考强调以用户为中心，关注用户需求和体验。在整合六顶思考帽时，团队可以通过戴上红帽来关注用户情感和需求，通过戴上绿帽来发散思维，创造出符合用户期望的创新解决方案。

2. 创新和创造力：设计思考注重创新和创造力的发展。通过整合六顶思考帽，团队成员可以戴上绿帽，自由发散思维，尝试各种创新的想法和解决方案，同时戴上黄帽来鼓励积极的思考和创造性的解决方法。

3. 迭代和实验：设计思考强调通过迭代和实验来不断改进和优化解决方案。在整合六顶思考帽时，团队可以戴上蓝帽，引导和管理思维过程，确保思考的目标清晰、合理和有条理，同时戴上黑帽来审慎地考虑问题的风险和问题，进行有针对性的分析和评估。

通过整合设计思考和六顶思考帽方法，团队可以在解决复杂问题和设计解决方案时，更全面地考虑用户需求、发散创新思维，并通过迭代和实验不断改进和优化。这种整合能够帮助团队以更人性化和创新的方式解决问题，提供更优质的解决方案，满足用户需求，提升用户体验。

二、其他角色和颜色的引入

（一）补充角色

在一些变种的思考帽方法中，可能会引入额外的角色来补充六顶思考帽方法中的角色，以满足特定需求和情境。以下是一些可能的补充角色和颜色的引入示例：

1. 灰帽：除了六顶思考帽方法中的角色，灰帽作为一种补充角色被引入，用于应对不确定性和未知因素。灰帽的引入旨在帮助团队成员更好地处理信息的不确定性，鼓励他们勇于探索和提出问题，从而增加对问题的理解和对解决方案的探索。

在问题解决和决策制定的过程中，人们常常会遇到许多未知因素和不确定性。灰帽的角色就像一个探险家，勇于面对未知的领域和不确定的信息。灰帽的任务是提出假设、探索可能性，并通过实验和调查来获取更多信息和数据，以减少不确定性。灰帽的存在鼓励团队成员不断探索和学习，以更好地理解问题的本质和解决方案的可能性。

灰帽的引入可以激发团队成员的好奇心和创造力，帮助他们超越已知的边界，挖掘潜在的机会和解决方案。灰帽的思考方式强调对不确定性的包容和主动探索，鼓励团队成员提出疑问，并推动他们寻找新的信息来源和解决方案的可能性。

通过引入灰帽角色，在六顶思考帽方法的基础上，团队可以更全面地应对不确定性和未知因素，从而提高问题解决和决策制定的质量。灰帽的存在促使团队成员更加开放和灵活，勇于面对复杂性和挑战，为创新和成功创造更多的机会。

2. 透明帽：除了六项思考帽方法中的角色，透明帽作为一种补充角色被引入，用于提升沟通的透明度和有效性。透明帽的引入旨在帮助团队成员更好地理解沟通和信息流的重要性，促进信息的共享和理解，避免信息的不对称性和误解。

在团队合作和决策制定的过程中，沟通起着至关重要的作用。透明帽的角色就像一面透明的窗户，帮助团队成员更好地了解彼此的思维、观点和意图。透明帽的任务是促进开放和诚实的沟通，确保信息的准确传递和共享。通过透明帽，团队成员可以更加自由地表达自己的想法和观点，同时能更好地理解他人的观点和意见。

透明帽的引入强调了沟通的重要性，鼓励团队成员主动分享信息、意见和反馈。透明帽的思考方式强调公开、透明和互动的沟通风格，避免信息的扭曲或隐藏，以确保团队成员对问题和解决方案有全面的理解和共识。

通过引入透明帽角色，团队可以改善沟通和信息流动的效果，减少信息的误解和不对称性。透明帽的存在促进了团队成员之间的信任和合作，提高了解决问题和制定决策的效率和质量。透明帽的思考方式帮助团队建立开放的沟通氛围，鼓励团队成员积极参与和贡献，从而使团队更加高效和有成效。

通过整合透明帽角色，六项思考帽方法可以更好地满足沟通和信息共享的需求，提升团队合作和决策制定的效果。透明帽的引入加强了团队成员之间的联系和理解，为团队创造了更开放和协同的工作环境。

这些补充角色的引入是为了满足特定情境和需求，以便更好地应对复杂的问题和挑战。它们可以根据实际情况进行调整和扩展，以适应不同的领域和应用。补充角色的引入可以帮助团队成员更全面地考虑问题，更好地应对不确定性和促进有效的沟通，从而提高思考和决策的质量。

（二）新颜色与含义

除了六项思考帽方法中已有的角色和颜色之外，有人提出使用其他颜色来代表不同的思考角色和含义，以适应特定的文化背景或目标需求。这种扩展可以根据具体情况，为特定团队或文化背景提供更符合其需求的思考角色和颜色。

这种引入新颜色的方法旨在创造一个更具地域性和个性化的思考框架，使团队成员更容易理解和运用思考帽方法。以下是一些可能的新颜色和对应的思考角色和含义的示例：

1. 粉红帽：除了六项思考帽方法中已有的角色和颜色之外，引入粉红帽作为一种思考角色，可以代表情感和共情的重要性。粉红色通常被视为温暖、关怀和共情的象征，因此可以用来鼓励团队成员在思考和沟通中更加关注他人的情感和观点。

粉红帽的角色在团队中起着重要的作用，它着重于倾听、理解和体验他人的情感。团队成员戴上粉红帽时，被鼓励积极倾听他人的感受和观点，表达关怀和共情。这种情感的关注有助于建立团队成员之间的互信和共享，提升团队合作和沟通的质量。

粉红帽的思考角色强调了情感的重要性，以及在团队中理解和尊重他人情感的能力。通过戴上粉红帽，团队成员能够更加敏锐地感知他人的情绪和需要，以更加关怀和体贴的方式进行沟通和合作。这有助于建立积极的团队氛围，促进团队成员之间的互动和支持。

粉红帽的引入提醒团队成员在思考和决策过程中，不仅要关注事实和逻辑，还要关注情感和人性。这种情感的关注可以增强团队成员之间的情感联系，提升团队合作和创造力。通过关注情感和共情，团队能够更好地理解他人的需求和动机，从而更好地达成共识和协作。

总而言之，引入粉红帽作为思考角色，强调情感和共情的重要性。粉红帽的存在鼓励团队成员更加关注他人的情感和观点，促进情感的表达和共情的体验。这种情感的关注有助于建立团队的互信和合作，提升团队的创造力和成果。

2. 橙帽：除了六顶思考帽方法中已有的角色和颜色之外，橙帽作为一种思考角色被引入，用于代表创意和激情的重要性。橙色通常被视为充满活力、热情和创造力的象征，因此可以用来鼓励团队成员表达创新的想法和激情，并推动创造性的解决方案。

橙帽的角色在团队中起着关键的作用，它强调了创意和激情的重要性。当团队成员戴上橙帽时，他们被鼓励积极表达创新的思想和激情，并推动富有创造力的解决方案的产生。这种激情和创新的表达可以促进团队成员之间的灵感和思维的交流，推动团队的创新和发展。

橙帽的思考角色强调了创造力和激情的重要性，以及在团队中表达和推动创新的能力。通过戴上橙帽，团队成员能够更加自由地发散思维，尝试各种创新的想法和解决方案。这种创意的表达和激情的推动有助于激发团队成员的创造力和创新意识，推动团队在解决问题和取得成果方面的卓越表现。

橙帽的引入提醒团队成员在思考和决策过程中，不仅要关注事实和逻辑，还要关注创意和激情。这种创意和激情的关注可以激发团队成员的热情和动力，推动他们寻找全新的解决方案和创新的方法。通过关注创意和激情，团队能够更好地应对挑战，提升团队合作和创造力。

总而言之，引入橙帽作为思考角色，强调创意和激情的重要性。橙帽的存在鼓励团队成员表达创新的想法和激情，并推动创造性的解决方案。这种创意和激情的关注有助于激发团队成员的创造力和创新意识，推动团队在解决问题和取得成果方面的卓越表现。通过关注创意和激情，团队能够更好地应对挑战，提升团队合作和创造力。

3. 靛蓝帽：靛蓝帽象征着洞察和直觉的力量。靛蓝色常常被与深思熟虑、洞察力和直觉联系在一起，它能够激发团队成员发挥直觉和洞察力，从非传统的角度思考问题。

戴上靛蓝帽，你将进入一种深度思考的状态。这个角色鼓励你以一种不同寻常的方式来看待问题，挖掘出隐藏的见解和策略。靛蓝帽的作用是帮助团队超越表面的观点，探索更广阔和独特的思维空间。

当你戴上靛蓝帽时，你将成为团队中的洞察者和探险家。你将引领团队成员向前跨出一步，挑战传统思维模式，突破常规的束缚。靛蓝帽的存在将激发创新和创造力的火花，让团队在解决问题时更加富有想象力和创意。

靛蓝帽的力量在于它能够帮助团队看到问题的多个角度，拓宽思维的边界。通过运用洞察和直觉，你可以发现那些潜在的解决方案和机会，这些可能会被其他人忽略。靛蓝帽鼓励你相信自己的直觉，并勇敢地提出独特的观点。

总之，靛蓝帽是一种激发团队洞察力和直觉的象征。它鼓励团队成员跳出传统的思维模式，挖掘新的见解和策略。戴上靛蓝帽，你将成为团队中的洞察者和探险家，引领团队朝着创新和创造力的方向前进。

这些新颜色的引入是为了更好地满足特定文化背景或目标需求的要求，提供更具地域性和个性化的思考角色和含义。这种定制化的方法可以使团队成员更加容易理解和运用思考帽方法，促进更有效的思考和合作。

值得注意的是：引入新颜色的方法需要根据具体情况和需求进行调整和定制。团队应根据自身的特点和文化背景，选择适合的新颜色和含义，并确保团队成员对其有清晰的理解和共同的认识。这样，思考帽方法可以更好地适应团队的需求，提供更有针对性和个性化的思考框架。

三、定制化的应用

（一）针对特定领域或行业

在特定领域或行业中，六项思考帽的定制化应用可以帮助解决该领域或行业所特有的问题和挑战。它通过将不同的思考角色与不同的帽子颜色联系起来，帮助人们从不同的角度思考问题。这种方法可以应用于各种领域和行业，并且可以根据特定的需求进行定制化。以下是一些定制化的应用方式：

1. 创新与设计：在创新和设计领域，我们可以根据创意、想象力和创新的需求进行定制化。例如，可以引入一项绿帽，代表创新和新颖的思维方式，帮助团队成员拓展思路，寻找独特的解决方案。

2. 商业与市场：在商业和市场领域，我们可以根据市场需求和竞争环境进行定制化。例如，可以引入一项红帽，代表情感和直觉的思维方式，帮助团队成员理解消费者的情感需求，做出更具吸引力和市场竞争力的决策。

3. 教育与培训：在教育和培训领域，我们可以根据学习和教育的需求进行定制化。例如，可以引入一项白帽，代表事实和信息的思维方式，帮助学生和教师收集和分析相关的知识和数据，做出准确和明智的决策。

4. 团队与领导力：在团队和领导力发展中，我们可以根据团队合作和领导力的需求进行定制化。例如，可以引入一项黄帽，代表乐观和积极的思维方式，鼓励团队成员寻找解决问题的机会和优势，激发团队合作和创造力。

通过定制化的应用，六项思考帽可以更好地适应不同领域和行业的需求，帮助人们从多个角度思考问题，并做出更全面、更有效的决策。当然，定制化的应用需要根据具体情况进行调整，以确保与特定领域或行业的要求相匹配。

（二）文化和语言差异

六顶思考帽是一种通用的思维工具，可以应用于不同的文化和语言环境。然而，在不同的文化和语言中，人们的思维方式和表达方式可能存在差异。因此，为了更好地适应当地文化和语言的特点，六顶思考帽的定制化应用可以进行调整和适应。

在文化和语言差异方面，以下是一些定制化的应用方式：

1. 色彩和象征意义：在不同的文化中，颜色可能具有不同的象征意义。因此，在定制化的应用中，我们可以根据当地文化的理解和传统，调整六顶思考帽的颜色选择。例如，将红帽代表情感和直觉的思维方式，在某些文化中可能需要进行调整，以避免与当地的象征意义发生冲突。

2. 表达方式和语言风格：不同的语言和文化有自己独特的表达方式和语言风格。在定制化的应用中，我们可以根据当地的语言特点进行调整。例如，在一些语言中，可能需要使用不同的词汇或表达方式来描述六顶思考帽的概念，以确保更好地与当地的语言风格和表达习惯相契合。

3. 文化价值观和思维方式：不同的文化具有不同的价值观和思维方式。在定制化的应用中，我们可以考虑当地文化的价值观和思维方式，将六顶思考帽的概念与当地文化相结合。例如，在一些注重集体主义和合作的文化中，可以强调黄帽所代表的乐观和积极的思维方式，以促进团队合作和共同目标的实现。

通过考虑文化和语言差异，定制化的应用可以使六顶思考帽更好地适应不同的文化和语言环境。这样，人们可以更好地理解和运用这一思维工具，以促进全面、系统和有目的性的思考。然而，定制化的应用需要遵循尊重和理解当地文化的原则，并确保与当地的价值观和思维方式相协调。

四、数字工具和在线平台

（一）数字化支持

六顶思考帽方法可以通过数字工具和在线平台进行数字化支持，这些工具和平台提供了在线协作、远程团队合作和数据分析等功能，从而增强了六顶思考帽的应用效果。

在数字化支持方面，与六顶思考帽相关的数字工具和在线平台的变种有以下几个：

1. 协作工具：一些协作工具，如 Google Docs、Microsoft Teams 和 Slack 等，可以提供实时协作和共享功能，使团队成员可以同时参与到思考帽的应用中。这些工具允许团队成员在同一文档中进行编辑和注释，从而实现远程团队合作和即时反馈。

2. 思维导图工具：一些思维导图工具，如 MindMeister 和 Xmind 等，可以帮助团队将六顶思考帽的概念可视化，并创建思维导图来组织和展示思考的过程。这些工具提供了丰富的图形和连接选项，使团队成员可以更清晰地理解和应用六顶思考帽的概念。

3. 在线会议平台：一些在线会议平台，如 Zoom、Microsoft Teams 和 webex 等，

提供了远程会议和视频通话的功能，使团队成员可以在不同地理位置参加实时的思考帽会议。这些平台允许团队成员通过视频和音频交流，共享屏幕和文件，并进行实时讨论和决策。

4. 数据分析工具：一些数据分析工具，如 Excel、Tableau 和 Power BI 等，可以用于分析和可视化与六项思考帽相关的数据。这些工具提供了强大的数据处理和可视化功能，帮助团队成员更好地理解和解释数据，支持基于数据的决策和思考。

通过数字工具和在线平台的变种，六项思考帽的应用可以更加灵活和便捷。团队成员可以通过这些工具进行远程协作和实时交流，共享和编辑思考帽的内容，并利用数据分析工具进行数据驱动的思考和决策。这样，团队可以更高效地运用六项思考帽的方法，实现更好的思考和创新。

（二）应用软件和应用程序

六项思考帽方法也可以通过应用软件和应用程序进行支持和应用。一些移动应用程序和软件提供了六项思考帽方法的变种，使用户能够灵活地应用该方法。

在应用软件和应用程序方面，与六项思考帽相关的变种有以下几个：

1. 思考帽应用程序：一些专门的思考帽应用程序，如 Six Thinking Hats© 和 Six Hats 等，提供了六项思考帽的方法和工具，使用户可以在移动设备上随时随地应用该方法。这些应用程序通常提供了各种颜色的帽子图标，用户可以选择和切换不同的帽子来代表不同的思维角色。

2. 时间管理应用程序：一些时间管理应用程序，如 Trello 和 Asana 等，提供了任务管理和团队协作的功能，用户可以在任务卡片中使用六项思考帽的标签或标记来表示不同的思维角色。这样，用户可以根据任务的性质和需求，灵活地应用六项思考帽方法。

3. 笔记和思维导图应用程序：一些笔记和思维导图应用程序，如 Evernote 和 MindNode 等，提供了创建和组织思考帽内容的功能。用户可以使用不同的笔记或思维导图来代表不同的思维角色，记录和整理思考帽的内容，并进行进一步的思考和分析。

4. 在线学习平台：一些在线学习平台，如 Coursera 和 Udemy 等，可能提供了与六项思考帽相关的课程和学习资源。这些平台可以通过视频、文档和测验等方式，帮助用户学习和应用六项思考帽方法，并提供实践和反馈的机会。

通过应用软件和应用程序的变种，六项思考帽方法变得更加便捷和可定制。用户可以根据自己的需求和偏好，选择适合自己的应用程序，并在移动设备上随时随地应用六项思考帽的方法。这样，用户可以更好地组织和管理思考过程，促进全面、系统和有目的性的思考。

思考题

1. 在定制化的六项思考帽应用中,如何根据特定行业或领域的需求进行定制?请举例说明如何根据不同行业或领域的要求,调整和定制六项思考帽的应用方式。

2. 在文化和语言存在差异的情况下,如何通过定制化的六项思考帽应用来满足不同文化和语言环境的需求?请举例说明如何根据文化和语言的特点,调整六项思考帽的应用方式。

3. 在数字化时代,如何利用数字工具和在线平台来支持和应用六项思考帽方法?请举例说明如何利用协作工具、思维导图工具或在线会议平台等,提升六项思考帽的应用效果。

单元二　六顶思考帽方法在创新中的应用

学习目标

1. 了解六顶思考帽方法在创新中的应用意义和重要性。
2. 熟悉每个思考帽角色的定义、职责和应用场景。
3. 掌握优化和挑战每个思考帽角色在创新中的应用，以提高创新思维和解决问题的能力。

2.1　白色思考帽（客观分析）

一、定义和意义

白色思考帽是六顶思考帽方法中的一个角色，它代表着客观和分析性的思考方式。白色思考帽的作用是收集和整理与问题或决策相关的事实、数据和信息，以推动全面和客观的分析。

（一）白色思考帽的主要定义和意义

1. 收集事实和数据：白色思考帽鼓励人们收集与问题或决策相关的客观事实和数据，这些事实和数据可以来自多种来源，如研究报告、统计数据、专家意见等。收集客观的事实和数据，可以提供更准确和可靠的信息基础，以支持决策和思考的过程。

2. 分析和解释信息：白色思考帽要求人们对收集到的事实和数据进行分析和解释，包括对信息的概括、分类和比较，以及识别模式、趋势和关联性等。通过客观和分析性的思考，人们可以更好地理解问题的本质和复杂性，从而做出更明智和有根据的决策。

3. 消除偏见和主观性：白色思考帽的角色还在于消除个人偏见和主观性的影响，它要求人们以客观和中立的立场来分析问题，避免个人情感和偏见的干扰。通过客观分析,我们可以更全面地考虑不同的观点和利益,并减少决策中的盲点和误判。

白色思考帽在六项思考帽方法中的地位和意义十分重要。它帮助人们建立基于客观事实和数据的思考基础,促进全面和准确的分析,从而提高决策的质量和效果。通过白色思考帽的运用,人们可以更全面地了解问题的背景和现状,减少主观性的影响,从而做出更明智和有根据的决策。

(二)白色思考帽的关注点

1. 事实和信息的收集:白色思考帽要求人们积极收集与问题相关的事实和信息,这可能涉及查找资料、进行调查研究、咨询专家等。通过收集客观的事实和信息,可以建立一个坚实的基础来支持思考和决策的过程。

2. 数据的分析和解读:白色思考帽鼓励人们对收集到的数据进行分析和解读,这可能需要使用统计方法、图表和模型等工具,以便更好地理解数据的含义和趋势。客观的数据分析可以提供更准确和可靠的观点和见解。

3. 观察和实证研究:白色思考帽强调通过观察和实证研究来获取客观的观点,这可能涉及进行实地考察、实验研究或观察案例等。客观的观察和实证研究可以提供与实际情况相符的观点和见解。

4. 消除主观偏见:白色思考帽的目标之一是消除主观偏见的影响,它鼓励人们从客观的角度来分析问题,避免个人情感和主观偏见的干扰。通过消除主观偏见,人们可以获得更客观和平衡的观点和见解。

白色显得中立而客观。白帽思维代表客观的事实和数字。

今天很冷。	今天的气温是零下 4 度。
课文背诵的效果很好。	课文背诵的通过率为 100%。
高铁运行时速很快。	高铁当前时速 280 km/h。
A 公司的人员流动率很高。	A 公司的流动率为 20%。

通过关注事实、信息和数据,白色思考帽能够提供全面、准确的观点和见解。它帮助人们建立在可靠和客观基础上的思考框架,促进更加准确和全面的分析和决策过程。通过运用白色思考帽,人们可以更好地理解问题的本质和现状,提供基于客观观察和分析的观点和见解。

二、角色和职责

(一)角色描述

白色思考帽在六项思考帽方法中的角色是以客观、中立的态度进行问题分析,并提供基于事实和数据的观点和见解。白色思考帽的角色描述包括以下几个方面:

1. 客观性和中立性:白色思考帽的角色扮演者应该以客观、中立的态度进行问题分析。他们应该尽可能摒弃个人情感和主观偏见,以确保提供真实和客观的观点。这意味着他们要尽量不受个人喜好、价值观或情感因素的影响,而是根据事实和数据进行分析。

2. 事实和数据的重视：白色思考帽的角色扮演者需要重视事实和数据的收集和分析。他们应该主动寻找和收集与问题相关的客观事实和可靠数据，并运用适当的方法进行分析和解读。通过基于事实和数据的观点，他们能够提供更准确和可信的分析结果。

3. 分析和评估能力：白色思考帽的角色扮演者需要具备良好的分析和评估能力。他们应该能够对收集到的事实和数据进行整理和分类，提取关键信息，并从中得出结论和观点。他们需要具备逻辑思维、问题解决和推理能力，以确保提供准确和合理的观点。

4. 与其他思考帽的协作：白色思考帽的角色扮演者需要与其他思考帽的角色进行协作和互动。他们应该能够有效地与其他角色进行沟通和合作，以确保全面和多角度的问题分析。他们应该能够接受其他角色的观点和意见，并将其纳入客观分析中。

白色思考帽的角色和职责在六项思考帽方法中具有重要的作用。通过扮演白色思考帽的角色，人们能够以客观、中立的态度进行问题分析，基于事实和数据提供准确和可靠的观点和见解。这有助于避免主观偏见的影响，提高决策和思考的质量。

（二）信息收集

白色思考帽在六项思考帽方法中的角色和职责之一是负责收集和整理相关的事实、数据和信息，以支持决策和解决问题的过程。以下是关于白色思考帽在信息收集方面的角色和职责的详细说明：

1. 寻找相关信息：白色思考帽的角色扮演者应该主动寻找与问题或决策相关的信息，这可能包括查阅文献、研究报告、统计数据、专家意见等。他们需要具备信息搜索和筛选的能力，以确保收集到的信息具有可靠性和相关性。

2. 确保信息的准确性：白色思考帽的角色扮演者需要确保收集到的信息具有准确性和可靠性。他们应该对信息的来源进行评估和验证，以确保信息的可信度。在收集过程中，他们需要注意区分事实和观点，避免受到偏见或误导的影响。

3. 整理和归纳信息：白色思考帽的角色扮演者需要将收集到的信息进行整理和归纳。他们应该能够将信息分类、排序和组织，以便更好地理解和分析。通过整理和归纳信息，他们可以形成一个清晰和有条理的信息框架，为决策和思考提供支持。

4. 提供信息的汇总和报告：白色思考帽的角色扮演者需要将收集到的信息进行汇总和报告。他们应该能够将复杂的信息转化为简明扼要的形式，以便他人能够理解和应用。他们需要具备良好的沟通和表达能力，以确保信息的传递和理解。

通过负责信息收集，白色思考帽的角色扮演者能够为决策和问题解决提供必要的信息支持。他们通过寻找、整理和报告信息，确保决策和思考过程基于准确和可靠的数据和事实。这有助于提高决策的质量和有效性，减少主观偏见的影响。

（三）逻辑分析

白色思考帽在六项思考帽方法中的角色和职责之一是需要运用逻辑推理能力，对问题进行分析、归纳和推理，以提供准确和可靠的分析结果。以下是关于白色思考帽在逻辑分析方面的角色和职责的详细说明：

1. 问题分析：白色思考帽的角色扮演者需要对问题进行深入的分析。他们应该能够识别问题的关键要素和主要因素，并理解它们之间的相互关系。通过逻辑的分析，他们能够提供对问题本质的准确和全面的理解。

2. 归纳和总结：白色思考帽的角色扮演者需要将收集到的信息进行归纳和总结。他们应该能够从大量的信息中抽取出主要观点和关键结论，以便更好地理解问题的核心。通过归纳和总结，他们能够提供清晰和简明的问题概述。

3. 推理和演绎：白色思考帽的角色扮演者需要运用逻辑推理能力，从已知的事实和信息中得出结论。他们应该能够识别和应用适当的逻辑原则和推理规则，以确保推理过程的准确性和合理性。通过推理和演绎，他们能够提供基于逻辑分析的准确和可靠的观点。

4. 逻辑思维和问题解决：白色思考帽的角色扮演者需要具备良好的逻辑思维和问题解决能力。他们应该能够将逻辑原则和问题解决方法应用于实际情况，以解决复杂的问题。通过逻辑分析和问题解决，他们能够提供基于逻辑的决策和解决方案。

> 与白帽相关的就是资料与信息：
> ·我们拥有哪些信息？
> ·我们希望拥有哪些信息？
> ·我们如何获得信息？

通过逻辑分析，白色思考帽的角色扮演者能够为问题解决和决策提供准确和可靠的分析结果。他们通过对问题的分析、归纳和推理，厘清问题的关键要素和逻辑关系。这有助于确保决策和思考过程的合理性和有效性，减少主观偏见的影响。

三、应用场景

（一）决策制定

白色思考帽在决策制定中具有广泛的应用场景，其角色和职责是提供客观的事实和数据，以支持团队在决策过程中进行基于客观分析的决策。以下是关于白色思考帽在决策制定中的应用场景的详细说明：

1. 数据驱动决策：白色思考帽的角色扮演者能够提供客观的数据和信息，帮助团队进行数据驱动的决策。他们通过收集、整理和分析数据，提供决策所需的准确和可靠的信息基础。这有助于确保决策制定过程的客观性和可信度。

2. 评估选项和风险：白色思考帽的角色扮演者可以通过客观分析来评估不同选项和决策的风险。他们能够基于事实和数据，识别和评估各种可能的风险和不确定性。这有助于团队在决策制定中更全面地考虑不同的因素和风险，从而做出更明智和可行的决策。

3. 问题解决和方案评估：白色思考帽的角色扮演者能够通过客观分析来解决问题和评估解决方案。他们通过收集和分析事实和数据，识别问题的根本原因和解决方案的优劣势。这有助于团队在决策制定中更全面地评估不同的解决方案，并选择最合适的方案。

4. 战略规划和业务发展：白色思考帽的角色扮演者能够为战略规划和业务发展提供客观的分析和见解。他们通过收集和分析市场数据、竞争情报和业务指标等，帮助团队了解市场趋势和机会。这有助于团队在战略规划和业务发展中做出基于客观分析的决策，提高业务的成功概率。

通过白色思考帽的角色应用，团队能够在决策制定中更加客观和准确地分析问题和评估选项。白色思考帽的角色扮演者能够通过提供客观的事实和数据，帮助团队做出基于客观分析的决策，提高决策的质量和有效性。

（二）问题解决

白色思考帽在问题解决过程中有着重要的应用场景，其角色是提供客观的观点和分析，帮助团队全面理解问题并找到解决方案。以下是关于白色思考帽在问题解决中的应用场景的详细说明：

1. 问题识别和定义：白色思考帽的角色扮演者能够通过客观的观点和分析帮助团队识别和定义问题。他们通过收集和分析相关的事实和数据，帮助团队全面理解问题的本质和复杂性。这有助于确保问题的准确定义，为问题的解决奠定基础。

2. 信息收集和分析：白色思考帽的角色扮演者能够提供客观的信息收集和分析，以支持团队的问题解决过程。他们通过收集、整理和分析相关的事实和数据，为团队提供全面和准确的信息基础。这有助于团队更好地理解问题并找到解决方案的线索。

3. 评估和选择解决方案：白色思考帽的角色扮演者能够通过客观的观点和分析来评估和选择解决方案。他们能够基于事实和数据对不同的解决方案进行评估，并提供准确和可靠的意见。这有助于团队做出明智和可行的决策，选择最优的解决方案。

4. 解决方案实施和评估：白色思考帽的角色扮演者能够通过客观观点和分析帮助团队实施和评估解决方案的有效性。他们能够收集和分析相关的数据和指标，以评估解决方案的实施情况和成效。这有助于团队及时调整和改进解决方案，确保问题得到有效解决。

通过白色思考帽的应用，团队能够在问题解决过程中获得客观的观点和分析。白色思考帽的角色扮演者能够通过提供客观的信息和分析，帮助团队全面理解问题，并找到解决方案的线索和优化路径。这有助于团队更有效地解决问题，提高问题解决的质量和效率。

（三）评估和反馈

白色思考帽在评估和反馈过程中有着重要的应用场景，其角色是提供客观的评价和分析，帮助改进和优化设计或方案。以下是关于白色思考帽在评估和反馈中的应用场景的详细说明：

1. 设计评估和优化：白色思考帽的角色扮演者能够提供客观的评价和分析，帮助团队评估和优化设计。他们通过分析设计的各个方面，如功能、可行性、可持续性等，提供准确和可靠的评估。这有助于团队在设计过程中识别问题和改进方案，以实现更优质的设计结果。

2. 方案评估和优化：白色思考帽的角色扮演者能够通过客观的评价和分析来评估和优化方案。他们能够基于事实和数据对不同的方案进行评估，并提供准确和可靠的意见。这有助于团队选择最佳的方案，并在实施过程中做出必要的优化和调整。

3. 性能评估和改进：白色思考帽的角色扮演者能够提供客观的评价和分析，帮助团队评估和改进产品或服务的性能。他们通过收集和分析相关的数据和指标，对性能进行客观的评估，并提供改进的建议。这有助于团队优化产品或服务，提供更好的用户体验和价值。

4. 反馈和持续改进：白色思考帽的角色扮演者能够通过客观的评价和分析提供有效的反馈，帮助团队进行持续改进。他们能够识别问题和改进的机会，并提供具体的建议和行动方案。这有助于团队进行持续学习和改进，提高工作效率和质量。

通过白色思考帽的应用，团队能够在评估和反馈过程中获得客观的评价和分析。白色思考帽的角色扮演者能够通过提供客观的评估和反馈，帮助团队改进和优化设计或方案。这有助于团队不断提高工作质量和效率，实现持续改进的目标。

四、优化和挑战

（一）优化思考方式

白色思考帽在进行客观分析时，优化思考方式是非常重要的。为了更好地发挥白色思考帽的作用，角色扮演者可以采取以下措施来优化思考方式：

1. 培养客观分析的能力：角色扮演者可以通过培养客观分析的能力来提升白色思考帽的效果。这包括学习科学的研究方法和数据分析技巧，了解和运用适当的逻辑原则和推理规则。通过不断学习和实践，他们可以提高自己的客观分析能力，更准确地评估问题和提供观点。

2. 扩展数据收集的来源和方法：角色扮演者可以努力拓宽数据收集的来源和方法，以获取更全面和准确的信息。他们可以学习使用各种数据收集工具和技术，如调查问卷、实地观察、访谈等，以获得多样化的数据。此外，他们还可以关注新闻、研究报告、行业趋势等各种信息来源，以确保数据收集的全面性和准确性。

3. 培养逻辑思维和问题解决能力：角色扮演者可以积极培养逻辑思维和问题解决能力，以更好地应用白色思考帽。他们可以通过参与逻辑思维训练、解决问题的实践和挑战，提高自己的逻辑推理和解决问题的能力。这有助于他们更准确地分析问题、推理和评估解决方案。

（二）存在的挑战

尽管白色思考帽有着许多优点，但在应用过程中也会面临一些挑战。下面是一些可能的挑战：

1. 主观偏见的影响：尽管白色思考帽的目标是客观分析，但人们往往难以完全摆脱主观偏见的影响。角色扮演者需要意识到这一点，并努力克服个人的偏见和情感，以确保提供客观和中立的观点。

2. 数据的可靠性和限制性：在进行客观分析时，角色扮演者需要注意数据的可靠性和限制性。数据可能受到采集方法、样本大小、来源可信度等因素的影响，因此需要谨慎评估和解释数据的有效性。

3. 复杂性和不确定性：一些问题和决策可能涉及复杂性和不确定性，这给客观分析带来了挑战。角色扮演者需要能够处理复杂的情况，并在不确定的情况下做出基于客观分析的决策。

通过优化思考方式，角色扮演者可以提高白色思考帽的效果，并应对挑战。他们可以通过培养客观分析的能力、扩展数据收集的来源和方法，以及培养逻辑思维和解决问题的能力来优化自己的思考方式。这有助于提高白色思考帽在决策和问题解决中的有效性和准确性。

（三）避免偏见和主观性

在白色思考帽的应用中，避免个人偏见和主观性的影响是非常重要的。白色思考帽的目标是提供客观准确的观点和分析，以下是关于如何避免偏见和主观性的优化措施：

1. 意识个人偏见：角色扮演者应该意识到个人偏见的存在，并努力识别和理解自己的偏见，这包括意识到个人的价值观、经验、文化背景等对思考的影响。通过了解和认识个人偏见，角色扮演者可以更好地控制和减少其对分析和评估的影响。

2. 寻求多元观点：角色扮演者应该主动寻求多元的观点和意见，以避免陷入个人偏见的思维模式。他们可以与不同背景和观点的人进行交流和讨论，以获得更全面和多角度的分析。通过引入不同的观点，可以减少个人偏见对分析的影响，并提高客观性。

3. 使用数据和事实支持观点：角色扮演者在提供观点和分析时，应该尽量使用数据和事实来支持自己的观点。依靠客观的数据和事实，而不是主观的偏见和个人意见，可以提供更准确和可信的观点，这有助于确保分析的客观性和准确性。

4. 审慎评估信息来源：角色扮演者在分析和评估信息时，应该审慎评估信息的来源和可靠性。他们应该关注信息的来源是否可信、是否有潜在的偏见或利益冲突。筛选和评估信息来源，可以减少个人偏见和主观性对分析的干扰。

通过避免偏见和主观性的影响，白色思考帽的角色扮演者可以提供更客观、更准确的观点和分析。意识个人偏见、寻求多元观点、使用数据和事实支持观点以及审慎评估信息来源等措施可以帮助角色扮演者更好地避免个人偏见和主观性的影响，提供更客观准确的分析结果。这有助于提高白色思考帽的效果，确保决策和问题解决的准确性和可靠性。

> **思考题**
>
> 1. 在决策制定的过程中,如何运用白色思考帽的角色来收集和分析客观的事实和数据,以支持决策的质量和有效性?
>
> 2. 在解决复杂问题时,白色思考帽的角色如何帮助团队识别问题的核心要素和逻辑关系,从而提供客观的观点和分析?
>
> 3. 在评估和反馈过程中,白色思考帽的角色如何通过客观的评价和分析,帮助团队改进和优化设计或方案?

2.2 红色思考帽(情感驱动)

一、定义和意义

红色思考帽是六项思考帽方法中的一种角色,它代表情感和直觉的思考方式。

(一)红色思考帽的主要定义和意义

1. 表达情感和直觉:红色思考帽鼓励人们表达情感和直觉,将个人的情感和直觉纳入思考和决策过程中。它提醒团队成员关注自己的情感反应、直觉感觉和个人意见,以丰富思考和决策的全面性。

2. 引发创造力和灵感:红色思考帽的角色扮演者通过表达情感和直觉,可以激发创造力和灵感。它鼓励团队成员从情感的角度出发,关注问题的影响和意义,从而引发新的思考和解决方案。

3. 探索个人意见和价值观:红色思考帽鼓励个人表达自己的意见和价值观。它提醒团队成员关注个人的观点和价值观,并鼓励彼此之间的尊重和理解。通过探索个人意见和价值观,团队可以更全面地考虑不同观点和利益。

4. 考虑情感因素:红色思考帽的角色扮演者关注情感因素在思考和决策中的重要性。他们能够识别并考虑情感因素对决策的影响,如情绪、情感需求、人际关系等。通过考虑情感因素,团队可以更全面地评估决策的可行性和可接受性。

(二)红色思考帽的作用

红色思考帽的作用是鼓励团队成员表达情感、直觉和个人意见,从而丰富思考和决策过程。红色思考帽是六项思考帽方法中的一种角色,它关注个人情感、直觉和感受,通过表达和探索情感来提供主观和直观的观点和见解。以下是关于红色思考帽的详细说明：

1. 关注个人情感和感受：红色思考帽的角色扮演者关注个人的情感和感受。他们倾听自己的情感反应和直觉感受，将这些个人体验纳入思考和决策的过程中。这有助于提供一种主观和直观的观点，丰富思考和决策的多样性。

2. 表达个人情感和直觉：红色思考帽鼓励个人表达自己的情感和直觉。它提醒团队成员关注和表达自己的情感反应、直觉感受和个人意见。表达个人情感和直觉，可以为问题解决和决策提供个人独特的视角和见解。

3. 探索主观观点和直观感受：红色思考帽的角色扮演者通过关注个人情感和直觉，探索主观观点和直观感受。他们可以将个人的主观观点和直观感受纳入思考和决策的过程中，以提供一种更全面和多元的观点。

4. 引发个人创造力和灵感：红色思考帽的角色扮演者通过关注个人情感和直觉，激发个人创造力和灵感。表达和探索个人情感，可以激发新的思考和解决方案的灵感，带来更富有创意和独特性的观点和见解。

> 红色暗示愤怒、狂暴等情感特征，红帽思维代表思考过程中的情感、情绪、预感和直觉等问题。
> ・我不喜欢这个计划。
> ・我觉得这个做法太冒险了。
> ・我不喜欢你们处理这件事情的方式。
> ・我的直觉告诉我，价格很快就会跌下来。

红色思考帽的应用使得个人情感和直觉在思考和决策中得到重视。它鼓励个人表达情感和直觉，关注个人意见和主观感受，并通过这些个人体验提供一种主观和直观的观点和见解。通过红色思考帽的运用，团队可以更全面地思考和决策，促进创造力、灵感和决策的发展。

总之，红色思考帽是六项思考帽方法中的一种角色，代表情感和直觉的思考。它鼓励个人表达情感和直觉，关注个人意见和价值观，并考虑情感因素在决策中的重要性。通过红色思考帽的运用，团队可以更全面地思考和决策，提高创造力、灵感和决策的质量。

二、角色和职责

（一）角色描述

红色思考帽在六项思考帽方法中的角色和职责之一是以情感和直觉的态度来分析问题，并提供基于个人情感和反应的观点。以下是关于红色思考帽在角色和职责方面的详细说明：

1. 表达情感和直觉：红色思考帽的角色扮演者应该能够表达个人的情感和直觉。

他们应该关注自己的情感反应和直觉感受，并将其纳入思考和决策的过程中。通过表达情感和直觉，他们能够提供一种个人化和主观的观点。

2. 个人情感和反应的观点：红色思考帽的角色扮演者提供的观点和意见应该基于个人情感和反应。他们可以通过自己的情感体验和个人直觉，提供与问题相关的个人观点和感受。这有助于团队在决策和问题解决中更全面地考虑个人的情感因素和主观体验。

3. 增加情感和人性化的因素：红色思考帽的角色扮演者可以通过关注情感和直觉，增加情感和人性化的因素。他们可以提供与问题相关的情感反应和个人体验，从而增加团队对问题和解决方案的情感认知和关注。这有助于团队更全面地评估问题和决策的影响。

4. 促进创造性思维和灵感：红色思考帽的角色扮演者通过关注个人情感和直觉，可以促进创造性思维和灵感的产生。他们可以提供独特的思考和观点，以及个人的创造性解决方案。这有助于团队在问题解决和决策过程中获得新的灵感和创新性的观点。

通过红色思考帽的角色和职责，个人情感和直觉得到了重视。角色扮演者通过表达情感和直觉，提供基于个人情感和反应的观点。这有助于团队更全面地考虑情感因素和个人体验，并促进创造性思维和灵感的产生。通过红色思考帽的运用，团队可以在决策和问题解决中获得更丰富和多元的观点和见解。

（二）表达情感

表达情感是红色思考帽的核心职责之一。情感是人类思维和行为的重要组成部分，它可以影响我们的决策、判断和思考过程。红色思考帽通过表达情感，能够将感性的因素融入思考中，帮助我们更全面地理解和分析问题。

红色思考帽还负责表达个人的意愿和偏好。在思考过程中，我们经常会遇到不同的选择和可能的方案。红色思考帽能够帮助我们表达自己对于不同选择的喜好和倾向，从而在做出决策时更加明确自己的目标和意愿。

红色思考帽将主观的情感和直觉融入思考过程中。主观情感是每个人独有的体验，它可以为思考提供独特的视角和观点。直觉是一种非理性的思维方式，它能够在没有经过详细分析的情况下快速做出判断。红色思考帽通过融入主观情感和直觉，可以使思考更加灵活和富有创造性。通过红色思考帽的发挥，我们能够更全面地思考问题，做出更准确、更符合个人需求的决策。

（三）引发直觉

红色思考帽在思维导向中的另一个职责是引发直觉。通过直觉和直观的感受，红色思考帽能够帮助团队发现问题、发现机会和解决方案。

直觉是一种非常快速的思维方式，它是基于个人经验、感觉和直觉的直观判断。与分析和逻辑思维不同，直觉是一种更加主观和个人化的思维方式。红色思考帽通过引发直觉，能够在思考过程中迅速捕捉到潜在的问题和机会。

模块四 六项思考帽方法及其应用

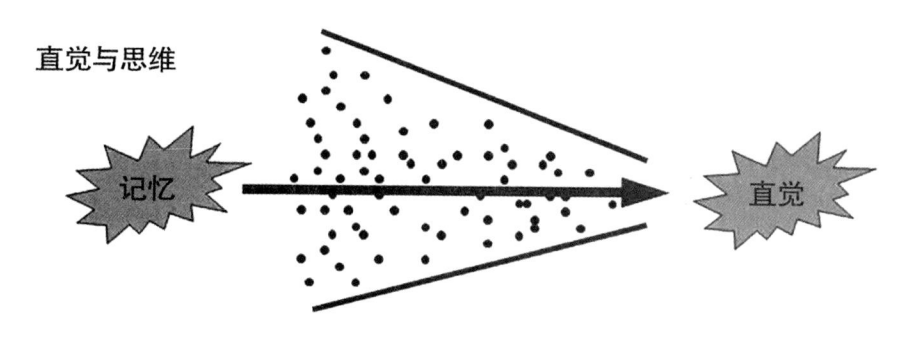

直觉与思维

图 4-2 直觉的产生过程

红色思考帽通过直觉帮助团队发现问题。有时候，问题可能隐藏在表面之下，不容易被传统的分析方法所察觉。红色思考帽通过自己的直觉和感觉，能够敏锐地察觉到潜在的问题，并引导团队一起深入分析和解决。

红色思考帽还能够通过直观的感受帮助团队发现机会。在日常工作和生活中，机会常常蕴藏在细微之处。红色思考帽通过自己的直觉和感受，能够发现那些可能被忽略的机会，并及时将其呈现给团队，从而帮助团队抓住机遇。

> 红帽允许人们将感觉与直觉放进来，不需要道歉，不用解释，也不必想办法为自己的行为辩解。
> - 我现在有什么感受？
> - 我的感觉告诉我什么？
> - 我的直觉反应是什么？

红色思考帽也能够通过直觉帮助团队找到解决方案。有时候，传统的分析方法可能无法解决复杂的问题，红色思考帽通过自己的直觉和感受，能够提供新颖的思路和创造性的解决方案，为团队提供新的思考角度。通过直觉和直观的感受，红色思考帽能够帮助团队发现问题、发现机会和解决方案。红色思考帽的发挥可以提高团队的创造力和敏锐度，为团队在复杂环境中做出更好的决策提供支持。

三、应用场景

（一）创造性思考

红色思考帽在情感驱动的思维导向中有广泛的应用场景，其中之一是在创造性思考中的应用。

创造性思考是指寻找新颖、独特和创新的解决方案的思考过程，而红色思考帽在这个过程中能够提供情感和直觉的观点和灵感，促进创新和创造性的解决方案的产生。

红色思考帽通过表达个人情感和意愿，能够为创造性思考提供新的视角和观点。情感和意愿是由个人的经验、价值观和情绪等因素决定的，它们能够为创新和创造性的思考提供新的启示和灵感。红色思考帽的角色是鼓励团队成员表达自己的情感和意愿，从而激发团队的创造力和思维多样性。

此外，红色思考帽还能够通过引发直觉来促进创造性思考。直觉是一种非常快速和直观的思维方式，它不依赖于详细的分析和逻辑推理，而是基于个人的经验和感觉。红色思考帽通过发挥自己的直觉和直观感受，能够为团队提供新的观点和创意，从而推动创造性思维的发展。

总结起来，红色思考帽在情感驱动的思维导向中及在创造性思考中有重要的应用，它能够通过提供情感和直觉的观点和灵感，促进创新和创造性的解决方案的产生。红色思考帽的发挥可以帮助团队在创造性思考过程中发现新的视角和创意，从而推动团队的创新能力和竞争力。

（二）团队合作

红色思考帽在情感驱动的思维导向中的另一个应用场景是团队合作。

在团队合作中，红色思考帽发挥着重要的作用，可以帮助团队建立共情和理解，促进情感的交流和团队凝聚力的提升。

1. 红色思考帽通过表达个人的情感和意愿，可以帮助团队成员之间建立共情。共情是指能够理解和分享他人情感的能力，它能够增强团队成员之间的互信和沟通。红色思考帽的角色是鼓励团队成员表达自己的情感和意愿，从而促进团队成员之间的共情，增进彼此之间的理解和合作。

2. 红色思考帽在团队合作中能够促进情感的交流。情感的交流是团队合作中非常重要的一环，它能够增进团队成员之间的情感联系和凝聚力。红色思考帽通过表达个人的情感，可以激发其他成员的情感共鸣，促进情感的交流和分享。这样的情感交流能够增强团队成员之间的联系，提高团队的凝聚力和合作效率。

3. 红色思考帽在团队合作中能够提升团队的凝聚力。通过表达个人的情感和意愿，红色思考帽能够让团队成员更好地理解彼此，并在共同的目标下形成一种紧密的团结。这种团结和凝聚力能够推动团队成员之间的合作和协作，提高团队的整体绩效。

综上所述，红色思考帽在情感驱动的思维导向中及在团队合作中有着重要的应用，它可以帮助团队建立共情和理解，促进情感的交流和团队凝聚力的提升。红色思考帽的发挥可以增强团队成员之间的联系和合作，提高团队的绩效和成果。

（三）个人发展

红色思考帽在情感驱动的思维导向中的另一个应用场景是个人发展。

个人发展是指个体在不断成长和进步的过程中提升自己的能力和素质，实现个人的目标和理想。而红色思考帽在这个过程中可以发挥作用，帮助个人更好地理解和表达自己的情感和直觉，提升个人的情商和人际关系能力。

1. 红色思考帽可以帮助个人更好地理解自己的情感。情感是个体内在的体验和情绪反应，它对个人的行为和决策起着重要的影响。红色思考帽的角色是表达个人的情感，通过自我反思和表达，个人能够更加深入地理解自己的情感需求和情绪状态。这样的理解可以帮助个人更好地管理和调节自己的情感，提高情商和情绪智力。

2. 红色思考帽可以帮助个人更好地表达自己的情感和直觉。在个人发展中，有效的沟通和表达是非常重要的能力。红色思考帽通过鼓励个人表达情感和意愿，可以帮助个人更好地表达自己的内心感受和直觉观点。这样的表达能力可以增强个人的自信心和自我表达能力，提升人际关系和沟通能力。

3. 红色思考帽在个人发展中可以促进人际关系的建立和发展。人际关系是个人生活和工作中非常重要的一环，它对个人的幸福感和成功度有着直接的影响。红色思考帽通过表达个人的情感和意愿，能够增进个人与他人之间的理解和共鸣，加强人际关系的亲密度和质量。这样的人际关系能够为个人的发展提供支持和帮助，促进个人成长和进步。

综上所述，红色思考帽可以帮助个人更好地理解和表达自己的情感和直觉，提升个人的情商和人际关系能力。红色思考帽的发挥可以帮助个人在个人发展过程中更加自信和成功，实现自己的成长目标和理想。

四、优化和挑战

（一）情感管理

红色思考帽在情感驱动的思维导向中有其优化和挑战之处，其中之一是情感管理。

情感管理是指个体对自己的情感进行有效管理和调控的能力。在红色思考帽的角色中，情感是一个重要的因素，但过于情绪化或情感过于强烈可能会影响理性思考和决策的准确性。因此，角色扮演者可以学习情感管理的技巧，以平衡情感和理性思考。

情感管理的技巧包括认识自己的情感状态，了解情绪的起因和影响，学会调节和表达情感，寻找适当的情感出口等。通过这些技巧，角色扮演者可以更好地管理自己的情感，避免过度情绪化或情感失控影响决策的情况发生。

另外，情感管理也包括与他人的情感沟通和理解。在红色思考帽的角色中，表达个人情感和意愿是很重要的，但同时需要与他人进行有效的情感交流和理解。角色扮演者可以学习倾听和共情的技巧，提高自己与他人的情感沟通能力，从而更好地理解和共享情感。

情感管理的挑战在于：情感是一种主观的体验，每个人都有不同的情感需求和表达方式。角色扮演者需要学会在不同的情感表达和需求之间进行平衡，尊重和理解团队中其他成员的情感差异，并寻找共同的理解和认识。通过学习情感管理的技巧，角色扮演者可以更好地平衡情感和理性思考，有效地表达和管理情感。这样的情感管理能够提高红色思考帽的发挥效果，促进团队合作和个人发展。

（二）尊重和包容

红色思考帽在情感驱动的思维导向中的另一个优化和挑战是尊重和包容。

在红色思考帽的角色中，表达个人情感和意愿是很重要的，但同时需要尊重他人的情感和观点。尊重他人的情感意味着不仅要接受他们的情感表达，还要尊重他们的情感需求和观点，不进行过度批评或贬低。这种尊重可以建立良好的人际关系，并促进团队成员之间的合作和达成共识。

另一方面，红色思考帽也应该接受他人对情感的表达和反应。每个人对情感的表达和反应可能存在差异，有时可能会出现情感的冲突或不一致。红色思考帽的角色是要接受并尊重他人的情感表达和反应，不要过度批评或质疑他人的情感体验。这种接受和包容可以营造开放和信任的氛围，有助于团队成员之间的情感互动和理解。

在实践中，尊重和包容的挑战在于：每个人对情感的理解和表达方式可能不同。有时候，团队成员可能会遇到情感冲突或意见不合的情况。在这种情况下，红色思考帽的角色是要学会平衡个人情感和团队合作的需要，通过开放的对话和倾听，寻找共同的理解和解决方案。

通过尊重他人的情感和观点，并接受他人对情感的表达和反应，红色思考帽可以建立良好的人际关系，促进团队的合作和共识。然而，尊重和包容也需要在实践中平衡个人情感和团队合作的需要，从而达到更好的团队合作和个人发展。

通过了解红色思考帽的定义、角色和职责，以及应用场景和优化方式，团队成员可以更好地理解并应用红色思考帽的思考方法，促进情感驱动的表达和理解，为创造性思考和团队合作提供有益的贡献。

> **思考题**
>
> 1. 在团队合作中，如何运用红色思考帽的角色来促进情感的交流和团队凝聚力的提升？
>
> 2. 在创造性思考过程中，红色思考帽的角色如何发挥作用，帮助团队成员发现问题、发现机会和找到解决方案？
>
> 3. 在个人发展中，红色思考帽的角色如何帮助个人更好地理解和表达自己的情感和直觉，提升情商和人际关系能力？

2.3 黄色思考帽（积极乐观）

一、定义和意义

黄色思考帽代表了积极、乐观和探索的思考方式。黄色思考帽关注潜在的好处、机会和积极的方面，以积极的态度来提供乐观的观点和见解。

黄色思考帽的角色是在团队中鼓励成员们以积极的态度看待问题和挑战。它的目标是帮助团队成员集中精力关注解决问题的机会和潜在的好处,以及从中学习和成长的机会。黄色思考帽的发挥能够激发团队成员的乐观情绪,鼓励他们积极面对困难和挑战。

黄色思考帽的存在和发挥对于团队的发展和成功非常重要。当团队面临问题或挑战时,情绪常常会变得低落或焦虑。然而,黄色思考帽的角色能够帮助团队成员将注意力转移到可能的解决方案和积极的结果上。它鼓励成员们寻找问题中隐藏的机会,并从中获得经验和成长。这种积极的态度能够提升团队的士气和动力,让团队更有动力去面对和克服困难。

黄色思考帽还有助于培养团队成员的乐观心态。乐观心态是一种积极的思维模式,它能够帮助个人更好地应对挑战和逆境。通过积极思考和乐观的态度,团队成员能够更好地保持信心和动力,面对困难时持续努力。这种乐观心态的传播和共享也有助于团队的凝聚力和合作效果。

> 黄色代表阳光和乐观,黄帽思维包含着希望与正面思想,代表思考中占优势的问题和可取之处。
> - 为什么可以做这件事情?
> - 优点是什么?
> - 这样做会带来哪些积极正面的影响?

总的来说,黄色思考帽的发挥可以促进团队成员的乐观情绪、创新能力和逆向思维,从而为团队的成功和个人的成长做出积极的贡献。

二、角色和职责

(一)角色描述

黄色思考帽在思维导向理论中的角色是以积极、乐观的态度来思考问题,并提供基于潜在好处和机会的观点。黄色思考帽的角色扮演者应该具备以下职责和特点:

1. 积极乐观的态度:黄色思考帽的角色扮演者应该以积极乐观的态度对待问题和挑战。他们应该相信在每个问题和挑战中都存在潜在的好处和机会,能够带来积极的结果。他们能够传递积极的情绪和态度,鼓舞团队成员,并激发团队的乐观情绪。

2. 关注潜在的好处和机会:黄色思考帽的角色扮演者应该能够关注问题和挑战中的潜在好处和机会。他们能够看到问题中的积极面,寻找解决问题的机会,并提供基于这些潜在好处和机会的观点和见解。他们能够激发团队成员的创造性思维,帮助团队发现创新的解决方案。

3. 提供乐观的观点和见解:黄色思考帽的角色扮演者应该能够提供乐观的观点和见解。他们能够看到问题和挑战中的积极因素,为团队成员带来希望和动力。他们能够通过积极的态度和观点,鼓励团队成员持续努力和追求成功。

总的来说,黄色思考帽的角色扮演者能够传递乐观的情绪和态度,关注潜在的好处和机会，并提供乐观的观点和见解。黄色思考帽的发挥能够激发团队的乐观情绪和创造性思维，为团队的成功和个人的成长做出积极的贡献。

（二）乐观探索

黄色思考帽在思维导向理论中的角色和职责之一是乐观探索。黄色思考帽负责探索和发现潜在的好处、积极的方面和可能的机会，为团队提供积极的视角和思考。

乐观探索是指以积极乐观的态度主动寻找问题和挑战中的潜在好处和机会。黄色思考帽的角色扮演者能够看到问题中的积极面，并尝试从中发掘潜在的好处和积极的方面。他们能够关注解决问题的机会和可能的收益，并提供基于这些潜在好处和机会的观点和思考。

黄色思考帽的角色扮演者在乐观探索中具有以下职责：

1. 探索潜在的好处和积极的方面：黄色思考帽负责主动探索问题和挑战中的潜在好处与积极的方面。他们能够看到问题中的积极因素，寻找可能的收益和益处。通过这种探索，他们能够提供一种积极的视角，让团队成员关注问题中的潜力和积极面。

2. 发现可能的机会：黄色思考帽负责发现问题和挑战中的可能机会。他们能够找到解决问题的机会和可能的收益，并将这些机会呈现给团队。通过发现可能的机会，他们能够激发团队成员的创造性思维，帮助团队发现新的解决方案和创新机会。

3. 提供积极的视角和思考：黄色思考帽的角色扮演者负责提供积极的视角和思考。他们能够以积极乐观的态度看待问题和挑战，并提供基于潜在好处和机会的观点和思考。通过积极的视角和思考，他们能够鼓励团队成员保持积极乐观的态度，激发团队的创造力和动力。

黄色思考帽的发挥能够为团队提供积极的视角和思考，激发团队的创造力和动力，促进团队的成功和成长。

三、应用场景

（一）创新和创造性思考

黄色思考帽在情感驱动的思维导向中的应用场景之一存在于创新和创造性思考中。

创新和创造性思考是指寻找新颖、独特和创新的解决方案的思考过程。在创新过程中，黄色思考帽的角色能够提供积极的观点和潜在的好处，促进积极的解决方案和创新的发展。

黄色思考帽在创新和创造性思考中的应用包括以下几个方面：

1. 提供积极的观点和潜在的好处：黄色思考帽的角色扮演者能够提供积极的观点和潜在的好处。他们能够看到问题和挑战中的积极面，寻找可能的收益和益处。通过提供积极的观点和潜在的好处，他们能够激发团队成员的创造性思维，鼓励他们探索新的解决方案和创新机会。

2. 促进积极的解决方案：黄色思考帽的角色扮演者能够促进积极的解决方案的发展。他们能够关注解决问题的机会和可能的好处，以及从中学习和成长的机会。通过提供积极的观点和潜在的好处，他们能够推动团队成员思考更积极和创新的解决方案，从而推动创新和创造性的发展。

3. 激发创造性思维：黄色思考帽的角色扮演者能够激发团队成员的创造性思维。通过提供积极的观点和潜在的好处，他们能够激发团队成员寻找新的思路和创新的解决方案。他们鼓励团队成员持续探索和尝试，推动创新思维的发展。

总的来说，黄色思考帽的发挥可以激发团队成员的创造性思维，推动创新和创造性的解决方案的产生。这样的创新和创造性思考能够为团队的发展和个人的成长带来积极的影响。

（二）团队合作和激励

黄色思考帽在情感驱动的思维导向中的另一个应用场景是团队合作和激励。

在团队合作中，黄色思考帽发挥着重要的作用，可以帮助团队保持积极的动力和激励，促进团队成员之间的合作和共享乐观情绪。

黄色思考帽在团队合作和激励中的应用包括以下几个方面：

1. 保持积极的动力和激励：黄色思考帽的角色扮演者能够保持团队成员的积极动力和激励。他们的乐观态度和积极思维能够传递给团队成员，激发他们的积极情绪和动力。这种积极的动力和激励能够促使团队成员更加投入和努力，为团队的目标和任务做出贡献。

2. 促进团队成员的合作：黄色思考帽的角色扮演者能够促进团队成员之间的合作。通过提供积极的观点和潜在的好处，他们能够鼓励团队成员相互支持和协作，共同追求团队的目标。他们能够建立积极的团队氛围，激发团队成员之间的信任和合作精神。

3. 共享乐观情绪：黄色思考帽的角色扮演者能够促进团队成员之间的共享乐观情绪。通过提供积极的视角和思考，他们能够鼓励团队成员保持乐观的态度和情绪。这种共享的乐观情绪能够增强团队成员之间的凝聚力和团队精神，推动团队向着共同的目标努力。

综上所述，黄色思考帽能够帮助团队保持积极的动力和激励，促进团队成员之间的合作和共享乐观情绪。黄色思考帽的发挥可以激发团队成员的积极情绪和动力，增强团队的凝聚力和合作效果。这样的团队合作和激励能够推动团队的成功和成长。

（三）个人成长和心理健康

黄色思考帽在情感驱动的思维导向中还有一个应用场景，即个人成长和心理健康。

个人成长和心理健康是指个体在不断成长和发展的过程中，培养积极的心态和乐观的态度，以实现个人的目标和提升心理健康。黄色思考帽能够在这个过程中发挥作用，帮助个人培养积极的心态和乐观的态度。

黄色思考帽在个人成长和心理健康方面的应用包括以下几个方面：

1. **培养积极的心态**：黄色思考帽的角色扮演者能够帮助个人培养积极的心态。通过提供积极的观点和潜在的好处，他们能够激发个人看到问题和挑战中的积极面，并保持积极的心态。这种积极的心态能够增强个人的自信心和抗压能力，促进个人的成长和发展。

2. **培养乐观的态度**：黄色思考帽的角色扮演者能够帮助个人培养乐观的态度。他们能够以积极乐观的态度看待问题和挑战，并提供基于潜在好处和机会的观点和思考。通过培养乐观的态度，个人能够更好地面对困难和挑战，保持积极向上的心态。

3. **提升心理健康**：黄色思考帽的角色扮演者能够帮助个人提升心理健康。通过培养积极的心态和乐观的态度，个人能够减轻压力和焦虑，增强心理抗逆力。积极的心态和乐观的态度有助于个人更好地应对挑战和逆境，提升心理健康和幸福感。

综上所述，黄色思考帽的发挥可以促进个人的成长和发展，增强个人的抗压能力和心理健康，实现个人的目标和提升幸福感。

四、优化和挑战

（一）真实和平衡

黄色思考帽在情感驱动的思维导向中的优化和挑战之一是保持真实和平衡。

为了更好地发挥黄色思考帽的作用，角色扮演者应该保持真实和平衡的态度。这意味着他们既要看到问题和挑战中的积极方面，也要意识到潜在的挑战和风险。

保持真实和平衡在黄色思考帽的应用中具有以下优化和挑战：

1. **真实性**：角色扮演者应该保持真实性，不夸大问题的积极面，也不忽视潜在的挑战。他们应该基于客观事实和适当的评估，提供真实和准确的观点和见解。这样的真实性可以建立信任和可靠性，为团队提供更实际和可行的思考。

2. **平衡性**：角色扮演者应该保持平衡的态度，既要看到问题和挑战中的积极方面，也要意识到潜在的挑战和风险。他们应该提供全面的思考，考虑问题和挑战的多个方面，从而帮助团队成员做出更全面和明智的决策。这样的平衡性可以帮助团队避免过度乐观或过度悲观，更好地应对复杂的情况和变化。

保持真实和平衡的挑战在于：个人的主观情感和偏好可能会影响到思考和观点的真实性和平衡性。角色扮演者需要保持客观和理性的思考，尽量排除个人情感的干扰，以提供更客观和全面的思考。

总的来说，保持真实和平衡是黄色思考帽在情感驱动的思维导向中的优化和挑战。角色扮演者应该保持真实和平衡的态度，既要看到问题和挑战中的积极方面，也要意识到潜在的挑战和风险。这样的发挥可以提供可靠和全面的思考，帮助团队更好地应对复杂的情况和变化。

（二）与其他思考帽的协调

黄色思考帽在情感驱动的思维导向中的另一个优化和挑战是与其他思考帽的协调。

黄色思考帽应该与其他思考帽进行协调和平衡，以确保综合考虑不同的观点和因素。在思维导向中，每个思考帽代表着不同的思考方式和角色，而黄色思考帽的优化和发挥需要与其他思考帽相互补充和协调。

与其他思考帽的协调在黄色思考帽的应用中具有以下优化和挑战：

1. 综合不同观点：黄色思考帽的角色扮演者应该与其他思考帽的角色扮演者协调，综合考虑不同的观点和因素。每个思考帽都代表了一种特定的思维方式，而通过与其他思考帽的协调，黄色思考帽能够从不同的角度看待问题，获得更全面和多样化的思考。这种综合不同观点的能力可以帮助团队做出更全面和明智的决策。

2. 平衡不同因素：黄色思考帽的角色扮演者需要平衡不同因素。每个思考帽代表了一种特定的思考方式和关注点，而黄色思考帽应该能够平衡关注潜在好处和机会的积极面，也要意识到潜在的挑战和风险。通过平衡不同因素，黄色思考帽能够提供更全面和综合的思考，帮助团队做出更明智和全面的决策。

与其他思考帽的协调的挑战在于：每个角色扮演者可能具有不同的思考偏好和倾向，而协调不同思考帽之间的差异需要灵活性和沟通能力。黄色思考帽的角色扮演者应该具备倾听和理解的能力，尊重和接纳其他角色扮演者的观点和思考方式，从而实现有效的协调和平衡。

总的来说，黄色思考帽应该与其他思考帽进行协调和平衡，综合考虑不同的观点和因素。通过与其他思考帽的协调，黄色思考帽能够提供更全面和综合的思考，帮助团队做出更明智、更全面的决策。这种协调和平衡能够为团队的成功和个人的成长做出积极的贡献。

通过了解黄色思考帽的定义、角色和职责，以及应用场景和优化方式，团队成员可以更好地理解并应用黄色思考帽的思考方法，促进积极乐观的思维和行动，为创新、团队合作和个人成长提供积极的影响。

思考题

1. 在团队合作中，如何运用黄色思考帽的角色来促进团队成员保持积极的动力和乐观的态度？

2. 在创新和创造性思考过程中，黄色思考帽的角色如何发挥作用，帮助团队成员关注潜在的好处和机会？

3. 在个人成长和心理健康中，黄色思考帽的角色如何帮助个人培养积极的心态和乐观的态度？

2.4 黑色思考帽（批判性思考）

一、定义和意义

黑色思考帽代表批判性和挑战性的思考方式。黑色思考帽的角色是鼓励团队成员进行批判性思考，挑战现有观点和假设，提出批评和质疑。

黑色思考帽的意义在于它能够促进深入的思考和全面的分析。黑色思考帽的角色扮演者致力于发现问题和挑战中的不足之处，提出批评和质疑，并通过逻辑和分析来评估和验证观点和假设。这种批判性思考能够帮助团队成员更加全面地理解问题，发现潜在的风险和隐患，并提出改进和优化的建议。

> 黑色是阴沉、负面的。黑帽思维代表思考中的谨慎小心，事实与判断是否与证据相符等问题。
> - 有哪些挑战？（包括现有的和潜在的）
> - 会遇到什么困难？
> - 需要小心的地方是什么？
> - 这样做会存在什么风险？

黑色思考帽的角色扮演者在团队中具有以下职责和特点：

1. 批判性思考：黑色思考帽的角色扮演者能够进行批判性思考。他们能够质疑和挑战现有的观点和假设，看到问题和挑战中的潜在不足之处。通过批判性思考，他们能够推动团队成员进行深入的思考和全面的分析。

2. 分析和评估：黑色思考帽的角色扮演者善于分析和评估观点和假设。他们能够运用逻辑和证据来评估观点的有效性和可行性，识别其中的逻辑漏洞和偏差。通过分析和评估，他们能够为团队提供更准确和可靠的信息。

3. 提出改进和优化的建议：黑色思考帽的角色扮演者能够提出改进和优化的建议。他们能够通过批判性思考和分析，识别问题和挑战中的改进机会，并提出具体的建议和解决方案。这种能力有助于团队更好地应对问题和挑战，并不断改进和提升绩效。

总的来说，黑色思考帽的发挥能够促进深入的思考和全面的分析，帮助团队识别问题和挑战中的不足之处，并提出改进和优化的建议。这种批判性思考能够推动团队的进步和成长，为团队的成功做出贡献。

二、角色和职责

（一）角色描述

黑色思考帽的角色描述主要包括以下几个方面：

1. 批判和挑战：黑色思考帽的角色扮演者应该具有批判性和挑战性的思维方式。他们应该主动寻找问题、疑虑和障碍，并对现有观点和解决方案提出质疑。他们不是只接受表面的信息，而是深入分析和挑战背后的假设和推理。

2. 提供负面观点：黑色思考帽的角色扮演者应该能够提供基于潜在问题和负面观点的意见和观点。他们不仅要看到事物的积极面，还要认识到其中的风险、缺陷和不足之处。通过提供负面观点，他们能够帮助团队更全面地评估和改进解决方案。

3. 推动深入思考：黑色思考帽的角色扮演者应该能够推动深入思考和分析。他们鼓励团队成员提出更深入的问题，挖掘问题的根本原因和潜在风险。他们可以通过提出关键性的问题和逻辑上的疑虑，促使团队更加全面地思考和评估情况。

4. 提供反面案例：黑色思考帽的角色扮演者可以通过提供反面案例和负面结果来支持他们的观点。他们可以通过列举类似的失败案例或者负面的实际后果，帮助团队更好地认识到可能的风险和挑战。

5. 保持客观和理性：黑色思考帽的角色扮演者应该保持客观和理性的态度。他们不应该过于情绪化或个人化，而应基于事实和逻辑进行思考和评估。他们的目标是为团队提供全面的观点，而不是批评或贬低他人的意见。

总之，黑色思考帽的角色扮演者在团队中扮演着关键的角色，他们以批判性和挑战性的态度思考问题，并提供基于潜在问题和负面观点的意见和观点。他们通过推动深入思考和提供反面案例，帮助团队更全面地评估和改进解决方案。同时，他们保持客观和理性的态度，以促进团队的决策质量和创造力。

（二）问题识别

黑色思考帽在问题识别方面有着重要的角色和职责。以下是黑色思考帽在问题识别中的职责描述：

1. 识别潜在问题：黑色思考帽的角色扮演者应该积极寻找并识别潜在的问题。他们不仅要关注表面的现象和表象，还要深入挖掘潜在的隐患和困难。通过对问题进行全面的分析和评估，他们能够帮助团队避免潜在的风险和挑战。

2. 提出质疑和疑虑：黑色思考帽的角色扮演者应该以批判性的眼光提出质疑和疑虑。他们不是只接受现有观点和解决方案，而是能够提出关键性的问题，挑战假设和推理。通过提出质疑，他们能够帮助团队更全面地认识到问题的本质和可能的限制。

3. 分析风险和障碍：黑色思考帽的角色扮演者应该能够分析和评估风险和障碍。他们应该主动寻找可能的风险因素，并评估其对解决方案或决策的潜在影响。通过分析风险和障碍，他们能够帮助团队更准确地评估解决方案的可行性和可靠性。

4. 引起警觉和关注：黑色思考帽的角色扮演者应该能够引起团队的警觉和关注。他们通过提出潜在的问题和风险，帮助团队意识到可能的挑战和困难。他们的目标是确保团队在决策和行动中全面考虑和准确评估问题。

5. 提供解决方案改进的建议：黑色思考帽的角色扮演者应该能够提供解决方案改进的建议。他们可以从问题识别的角度出发，提出针对潜在问题和风险的解决方案改进措施。通过提供这些建议，他们能够帮助团队更好地解决问题和克服障碍。

```
┌─────────────────────────────────────────┐
│              黑帽思维的用途              │
│  • 对事实和数据提出质疑                  │
│  • 指出不符合经验的方面                  │
│  • 合理地提出自己的个人经验              │
│  • 指出未来的危险与可能发生的问题        │
│  • 对黄色帽子的制衡                      │
└─────────────────────────────────────────┘
```

黑色思考帽负责识别和提出潜在问题、障碍和风险，以确保团队在决策和行动中能够全面考虑和准确评估。通过提出质疑和疑虑，分析风险和障碍，引起警觉和关注，并提供解决方案改进的建议，他们能够帮助团队更好地应对挑战和优化解决方案。

三、应用场景

（一）决策制定

在决策制定过程中，黑色思考帽的应用场景非常重要。以下是黑色思考帽在决策制定中的应用场景：

1. 问题评估：在决策制定之前，黑色思考帽可以帮助团队全面评估问题。他们能够提出质疑和疑虑，挖掘问题的本质和可能的限制。通过黑色思考帽的角色，团队能够更准确地理解问题的复杂性和挑战。

2. 风险分析：黑色思考帽可以帮助团队分析和评估决策可能面临的风险。他们能够提出可能的风险因素，并评估其对决策方案的潜在影响。通过黑色思考帽的角色，团队能够更全面地考虑风险，并制定相应的风险管理策略。

3. 反面案例分析：黑色思考帽可以通过提供反面案例和负面结果来支持决策制定。他们可以列举类似的失败案例或者负面的实际后果，帮助团队更好地认识到可能的风险和挑战。通过黑色思考帽的角色，团队能够更深入地思考和评估不同决策方案的潜在结果。

4. 决策方案改进：黑色思考帽可以提供解决方案改进的建议。他们从问题识别的角度出发，提出针对潜在问题和风险的解决方案改进措施。通过黑色思考帽的角色，团队能够优化决策方案，减少潜在问题和风险。

5. 评估决策的可行性：黑色思考帽可以帮助团队评估决策的可行性。他们通过提出质疑和疑虑，挑战决策的假设和推理，帮助团队更全面地考虑决策的可行性和可靠性。通过黑色思考帽的角色，团队能够更加客观地评估决策的优劣和风险。

总之，黑色思考帽在决策制定中的应用场景非常广泛。通过提供批判性观点和潜在问题的识别，黑色思考帽的角色能够帮助团队避免潜在的风险和错误。在决策制定过程中，团队可以充分利用黑色思考帽的角色，以提高决策的质量和准确性。

（二）问题解决

在问题解决过程中，黑色思考帽扮演着重要的角色。以下是黑色思考帽在问题解决中的应用场景：

1. 挑战现有假设：黑色思考帽的角色扮演者能够挑战现有的假设和解决方案。他们不只是接受表面的信息，而是通过提出质疑和疑虑，对现有的假设进行深入思考。他们能够帮助团队意识到可能存在的局限性和偏见，从而推动寻找更好的解决方案。

2. 提供反面观点：黑色思考帽的角色扮演者能够提供基于负面观点的意见。他们不仅要看到事物的积极面，还要认识到其中的风险、缺陷和不足之处。通过提供反面观点，他们能够帮助团队更全面地评估问题和解决方案，并找到更好的解决方案。

3. 全面思考：黑色思考帽的角色扮演者能够促进全面的思考。他们鼓励团队成员提出更深入的问题，挖掘问题的根本原因和潜在风险。通过黑色思考帽的角色，团队能够避免陷入局限性思维，并寻找更全面的解决方案。

4. 评估解决方案：黑色思考帽的角色扮演者能够帮助团队评估解决方案的可行性和有效性。他们通过提出质疑和疑虑，挑战解决方案的假设和推理。通过黑色思考帽的角色，团队能够更全面地考虑解决方案的优缺点，并找到更好的解决方案。

5. 促进创新思维：黑色思考帽的角色扮演者能够促进创新思维。他们通过提出质疑和挑战，激发团队成员的创造力和创新能力。通过黑色思考帽的角色，团队能够跳出传统思维模式，寻找新的解决方案和创新机会。

总之，黑色思考帽在问题解决过程中能够挑战现有假设和解决方案，促进全面的思考，帮助团队找到更好的解决方案。通过提供反面观点、全面思考、评估解决方案和促进创新思维，黑色思考帽的角色扮演者能够在问题解决中发挥重要作用。

（三）评估和改进

在评估和改进过程中，黑色思考帽在评估和改进中的应用场景如下：

1. 批判性评价：黑色思考帽的角色扮演者能够提供批判性的评价。他们能够以批判的眼光审视团队的工作成果、决策和解决方案。通过提出质疑和疑虑，他们能够帮助团队识别存在的问题和潜在的改进机会。

2. 发现潜在问题：黑色思考帽能够帮助团队发现潜在的问题。他们通过挑战现有假设和解决方案，提出负面观点和风险评估，帮助团队发现可能存在的问题和隐患。通过黑色思考帽的角色，团队能够及早发现问题并采取相应的改进行动。

3. 提供反馈和建议：黑色思考帽的角色扮演者能够提供批判性的反馈和建议。他们能够明确指出团队的不足之处，并提供改进的建议和措施。通过黑色思考帽的角色，团队能够从负面反馈中获取有益的信息，进一步完善工作和改进绩效。

4. 促进学习和成长：黑色思考帽的角色扮演者能够促进团队的学习和成长。他们通过提出质疑和挑战，激发团队成员的思考和探索能力。通过黑色思考帽的角色，团队能够不断学习和改进，不断提高绩效和效果。

5. 持续改进：黑色思考帽的角色扮演者能够推动团队的持续改进。他们不只是满足于现有的成果和解决方案，而是持续寻找改进的机会。通过黑色思考帽的角色，团队能够保持警觉性，持续发现和解决问题，不断提高工作质量和绩效。

总之，黑色思考帽在评估和改进过程中能够提供批判性的评价和反馈，帮助团队发现改进的机会和潜在问题。通过发现潜在问题，提供反馈和建议，促进学习和成长，以及推动持续改进，黑色思考帽的角色扮演者能够在评估和改进中发挥重要作用，提升团队的绩效和效果。

四、优化和挑战

（一）公正和客观

黑色思考帽的优化和挑战在于角色扮演者要保持公正和客观的态度。以下是关于这一点的讲解：

1. 公正：黑色思考帽的角色扮演者应该保持公正的态度。他们应该基于事实和逻辑进行思考和评估，而不是受到个人偏见或偏好的影响。他们应该对待每个观点和解决方案都持公正的态度，不偏袒任何一方。

2. 客观：黑色思考帽的角色扮演者应该保持客观的态度。他们不受个人情绪的左右，而是以客观的眼光审视问题。他们应该尽可能地收集和考虑各种证据和信息，避免片面的看法和偏见的影响。

3. 避免个人偏见：黑色思考帽的角色扮演者应该尽量避免个人偏见的影响。他们应该意识到自身的偏见和局限性，并努力从中解脱出来。他们可以通过提出质疑和反面观点，挑战自己的假设和推理，以确保思考的客观性和公正性。

4. 保持冷静和理性：黑色思考帽的角色扮演者应该保持冷静和理性的态度。他们应该避免情绪化的反应，而应基于事实和逻辑进行分析和评估。他们应该尽量抑制主观情感的影响，以确保决策和评估的客观性。

5. 接受不同观点：黑色思考帽的角色扮演者应该乐于接受不同的观点和意见。他们应该欢迎团队成员提出不同的观点，同时尊重和尽量理解他人的观点。通过接受不同的观点，他们能够更全面地思考和评估问题。

黑色思考帽的优化和挑战在保持冷静和理性的思考方式。通过保持公正和客观，他们能够更有效地发挥黑色思考帽的作用，提供全面和准确的评价和观点。

（二）与其他思考帽的平衡

黑色思考帽的优化和挑战之一是与其他思考帽进行平衡和协调。

1. 综合考虑：黑色思考帽的角色扮演者应该与其他思考帽进行平衡，以确保综合考虑不同的观点和因素。他们应该与白色思考帽（事实、信息）、红色思考帽（情感、直觉）、黄色思考帽（积极、乐观）等角色进行合作，以形成全面、综合的思考。通过与其他思考帽的平衡，黑色思考帽的角色扮演者能够从不同的角度和维度审视问题。

2. 沟通和合作：黑色思考帽的角色扮演者应该与其他角色进行有效的沟通和合作。他们应该积极参与团队讨论，倾听其他角色的观点和意见，并以批判性的眼光提供质疑和反面观点。通过良好的沟通和合作，团队能够更好地利用不同思考帽的优势，做出更明智和全面的决策。

3. 平衡过程和结果：黑色思考帽的角色扮演者应该平衡关注过程和关注结果。他们应该关注问题的深入分析和思考的全面性，同时也要关注解决方案的实际可行性和效果。通过平衡过程和结果，黑色思考帽的角色扮演者能够确保决策和行动的综合性和有效性。

5. 尊重不同的观点：黑色思考帽的角色扮演者应该尊重不同思考帽的观点和意见。他们应该认识到每个角色在问题解决过程中的重要性，并积极倾听和接受不同的观点。通过尊重不同的观点，黑色思考帽的角色扮演者能够更好地与其他角色进行协调和平衡。

总之，黑色思考帽的优化和挑战在于：通过与其他思考帽的平衡，黑色思考帽的角色扮演者能够综合考虑不同的观点和因素，确保决策和行动的全面性和有效性。通过良好的沟通和合作，平衡关注过程和结果，并尊重不同的观点，黑色思考帽的角色扮演者能够更好地发挥思考帽的作用。

通过了解黑色思考帽的定义、角色和职责，以及应用场景和优化方式，团队成员可以更好地理解并应用黑色思考帽的思考方法，促进批判性思维和问题识别，为决策、问题解决和改进提供负面观点的反馈和贡献。

思考题

1. 在团队合作中，如何运用黑色思考帽的角色来挑战现有的观点和假设，促进全面的思考和问题识别？

2. 在问题解决过程中，黑色思考帽的角色如何发挥作用，帮助团队识别潜在的问题和风险，并提出改进的建议？

3. 在评估和改进过程中，黑色思考帽的角色如何提供批判性的评价和反馈，促进团队的学习和持续改进？

2.5 绿色思考帽（创造性思维）

一、定义和意义

绿色思考帽是六项思考帽方法中的一种角色，代表创造性和创新性的思考。它鼓励人们采用创造性的思维方式来探索新的想法、解决方案和可能性，以推动创新和发展。

> 绿色代表生机，绿帽思维则代表创造力，代表思考中的探索、提案、建议、新观念，以及可行性的多样化。
> - 新的想法、建议和假设是什么？
> - 我们还有其他方法做这件事情吗？

绿色思考帽的定义和意义如下：

1. 创造性思维：绿色思考帽代表着创造性思维。它鼓励人们超越传统的思维模式，寻找新的观点和解决方案。通过绿色思考帽的角色，人们可以发散思维，产生新的想法和创新的思路。

2. 探索新的想法和解决方案：绿色思考帽鼓励人们提出新的想法和解决方案。它帮助人们跳出常规思维的限制，寻找创新的可能性。通过绿色思考帽的角色，人们能够挖掘潜在的创意和新颖的观点。

3. 促进创新：绿色思考帽的意义在于促进创新。它鼓励人们勇于尝试新的方法和思维方式，推动创新的发生。通过绿色思考帽的角色，人们能够激发创新的灵感和创造的能力，为问题寻找独特的解决方案。

4. 激发团队的创造力：绿色思考帽的角色还能够激发团队的创造力。通过鼓励团队成员提出新的想法和观点，绿色思考帽帮助团队开拓思维，促进创新的集体智慧。它能够鼓励团队成员敢于冒险，勇于挑战传统观念，从而带来更多的创新机会。

总之，通过绿色思考帽的角色，人们可以激发创造力，挖掘潜在的创意，促进团队的创新能力。

二、角色和职责

（一）角色描述

绿色思考帽的角色扮演者在团队中扮演着关键的角色。绿色思考帽的角色描述主要包括以下几个方面：

1. 创造性和创新性思考：绿色思考帽的角色扮演者应该具有创造性和创新性的思维方式。他们应该鼓励自己和团队成员跳出常规思维模式，寻找新的观点和解决方案。他们能够启发和激发创新的灵感，并勇于尝试新的方法和思考方式。

2. 提供新的观点和解决方案：绿色思考帽的角色扮演者应该能够提供新的观点和解决方案。他们能够探索和发散思维，从不同的角度审视问题，并提出独特的观点和创新的思路。通过提供新的观点和解决方案，他们能够为团队带来新的想法和可能性。

3. 激发创造力：绿色思考帽的角色扮演者应该能够激发团队的创造力。他们能够鼓励团队成员勇于表达和分享创意，鼓励创造性的思维方式。他们能够提供启发和引导，帮助团队成员开拓思维，挖掘潜在的创意和创新的可能性。

4. 推动创新：绿色思考帽的角色扮演者应该能够推动创新。他们应该鼓励团队成员勇于尝试新的方法和思维方式，挑战传统观念。他们能够促使团队寻找新的解决方案，推动创新的发生。通过推动创新，他们能够为团队带来更多的机会和竞争优势。

5. 鼓励冒险和实验：绿色思考帽的角色扮演者应该鼓励团队成员冒险和实验。他们应该支持团队成员尝试新的想法和方法，不怕失败和错误。他们能够在团队中营造一种积极的创新环境，鼓励团队成员勇于创造和尝试，从而推动创新的发展。

总之，绿色思考帽的角色扮演者以创造性和创新性的态度来思考问题，并提供新的观点和解决方案。通过激发创造力，推动创新，鼓励冒险和实验，他们能够为团队带来新的想法和可能性，促进团队的创新能力和发展。

（二）创意产生

绿色思考帽在创造性思维中扮演着重要的角色，主要负责创意的产生和推动团队寻找新的方向和可能性。以下是绿色思考帽在创意产生方面的角色和职责：

1. 创意激发：绿色思考帽鼓励团队成员放松、自由地思考，并激发他们的创造力。他们可以提出一些开放性的问题，鼓励团队成员提供各种独特和非传统的想法。通过创新的思维方式，绿色思考帽能够帮助团队产生更多的创意。

2. 问题重定义：绿色思考帽能够帮助团队重新定义问题，从不同的角度和视角思考。他们可以提出一些引人思考的问题，挑战传统思维模式，激发团队成员的创造性思维。通过重新定义问题，团队可以找到新的解决方案和创意。

3. 创意整合：绿色思考帽负责整合团队成员提出的各种创意和想法。他们能够分析和评估每个创意的价值和可行性，并将它们结合起来，形成更全面和创新的解决方案。通过整合不同的创意，绿色思考帽能够帮助团队发现新的方向和可能性。

4. 创新推动：绿色思考帽在团队中担任推动创新的角色。他们能够鼓励团队成员尝试新的方法和思维方式，挑战传统的做事方式。他们可以提供支持和鼓励，激发团队成员的勇气和创造力，推动创新的实现。

通过鼓励自由思考和创造性的思维方式，绿色思考帽能够带领团队走向创新的道路。

三、应用场景

（一）问题解决和创新

绿色思考帽在问题解决和创新的应用场景中发挥着重要的作用。以下是一些具体的应用场景：

1. 创意会议：在创意会议上，绿色思考帽可以激发与会者的创造力和想象力。他们可以提出一些开放性的问题，引导与会者提供独特和非传统的想法。通过绿色思考帽的引导，会议可以产生更多的创意和新的解决方案。

2. 产品设计：在产品设计过程中，绿色思考帽可以帮助设计团队寻找创新的设计思路。他们可以提出一些挑战性的问题，重新定义问题，并鼓励团队成员提供创新的解决方案。通过绿色思考帽的应用，设计团队可以开发出更具竞争力和用户满意度的产品。

3. 项目管理：在项目管理中，绿色思考帽可以帮助团队解决项目中的难题和挑战。他们可以通过创造性的思维方式，寻找新的解决方案，并推动团队朝着创新的方向前进。通过绿色思考帽的应用，项目团队可以更好地应对变化和不确定性。

4. 商业战略：在制定商业战略时，绿色思考帽可以提供新的创意和思考方式。他们可以帮助企业重新审视市场需求、竞争环境和商业模式，并提供创新的战略方向。通过绿色思考帽的引导，企业可以在竞争激烈的市场中找到新的机会和发展路径。

5. 教育和培训：在教育和培训领域，绿色思考帽可以培养学生和员工的创造性思维能力。他们可以引导学生和员工思考问题的不同角度，鼓励他们提供创新的解决方案。绿色思考帽的应用可以培养学生和员工的创新意识和创造力。

总之，在问题解决和创新的应用场景中，通过提供创造性的观点和新的解决方案，绿色思考帽可以推动团队寻找创新的道路，并帮助他们在竞争激烈的环境中取得成功。

（二）设计和产品开发

总之，在设计和产品开发的应用场景中起到了重要的作用。以下是一些具体的应用场景：

1. 创意生成：在设计和产品开发的初期阶段，绿色思考帽能够帮助团队产生创新的想法和设计。他们可以提出一些开放性的问题，鼓励团队成员提供独特和非传统的解决方案。通过绿色思考帽的引导，团队可以在设计过程中产生更多的创意和新颖的想法。

2. 用户体验改进：在产品开发过程中，绿色思考帽能够帮助团队改进用户体验。他们可以通过创造性的思维方式，提供新颖和有吸引力的解决方案，以提升产品的用户体验。通过绿色思考帽的应用，团队可以找到更符合用户需求和期望的设计方案。

3. 创新材料和技术应用：绿色思考帽可以帮助团队在设计和产品开发中应用创新的材料和技术。他们可以提供关于新材料和技术的信息和想法，帮助团队创造新的产品特性和功能。通过绿色思考帽的引导，团队可以在设计和产品开发中应用最新的科技成果。

4. 品牌和标识设计：在品牌和标识设计中，绿色思考帽可以提供创新的设计思路和方案。他们可以通过独特和创新的设计，帮助企业塑造独特的品牌形象和标识。通过绿色思考帽的应用，团队可以在品牌和标识设计中展现出创新和个性化的特点。

5. 可持续设计：在设计和产品开发中，绿色思考帽可以引导团队进行可持续设计。他们可以提供关于环境友好材料和设计理念的建议，帮助团队开发出符合可持续发展原则的产品。通过绿色思考帽的应用，团队可以在设计和产品开发中考虑环境影响，并寻找可持续的解决方案。

总之，在设计和产品开发的应用场景中通过帮助团队产生创新的想法和设计，提供新颖和有吸引力的解决方案，绿色思考帽可以推动团队在设计和产品开发中取得更好的成果。

（三）创业和市场推广

绿色思考帽在创业和市场推广的应用场景中发挥着重要的作用。以下是一些具体的应用场景：

1. 商业模式创新：在创业过程中，绿色思考帽可以帮助团队发现创新的商业模式。他们可以通过创造性的思维方式，重新审视市场需求、竞争环境和商业运作方式，提出新颖和有效的商业模式。通过绿色思考帽的应用，团队可以在竞争激烈的市场中找到新的机会和发展路径。

2. 市场定位和目标用户：在市场推广过程中，绿色思考帽可以帮助团队确定市场定位和目标用户。他们可以通过创造性的思维方式，深入了解目标用户的需求和心理，提供创新的定位策略和市场细分方案。通过绿色思考帽的引导，团队可以在竞争激烈的市场中找到独特的市场定位和目标用户群体。

3. 创新营销策略：在市场推广过程中，绿色思考帽可以帮助团队制定创新的营销策略。他们可以提供创意和新颖的推广方式，如社交媒体营销、内容营销、口碑营销等。通过绿色思考帽的应用，团队可以在市场推广中脱颖而出，吸引目标用户的注意力。

4. 品牌建设：在创业和市场推广过程中，绿色思考帽可以帮助团队进行品牌建设。他们可以提供创新的品牌定位和标识设计，帮助企业塑造独特的品牌形象和故事。通过绿色思考帽的引导，团队可以在市场中建立起独特和有吸引力的品牌。

5. 用户反馈和改进：在市场推广过程中，绿色思考帽可以帮助团队与用户保持良好的沟通和反馈机制。他们可以通过创造性的思维方式，收集和分析用户的反馈和需求，提供创新的改进方案。通过绿色思考帽的应用，团队可以不断优化产品和服务，提升用户满意度。

总之，在创业和市场推广的应用场景中通过提供创新的商业模式和营销策略，帮助团队在竞争激烈的市场中脱颖而出，绿色思考帽可以推动团队取得市场成功和持续发展。

四、优化和挑战

（一）创造性技巧和方法

绿色思考帽在发挥其作用时，可以借助各种创造性技巧和方法来增强其效果。以下是一些常见的创造性技巧和方法，可以帮助角色扮演者更好地应用绿色思考帽：

1. 关联思维：通过将不同领域、概念或观点进行关联，寻找新的思维路径和解决方案。例如，将问题与不相关的事物进行关联，从中获得新的灵感和创意。

2. 随机刺激：通过引入随机因素，如随机单词、图像或音乐等，刺激想象力和创造力。这可以帮助角色扮演者跳出常规思维，产生新的想法和解决方案。

3. 思维导图：使用思维导图工具，将想法和概念可视化，帮助发现新的关联和关系。思维导图可以促进非线性思维和创造性的联想。

4. 逆向思维：倒转问题或目标，从相反的角度思考，寻找新的视角和解决方案。逆向思维可以打破常规思维，激发创造性思考。

5. 侧重于细节：关注问题或挑战中的细节和特殊之处，从中发现新的创意和解决方案。通过深入研究细节，可以发现隐藏的机会和潜在的创新点。

6. 多元思考：鼓励角色扮演者从不同的角度和视角思考问题，包括不同的利益相关者、不同的文化背景等。多元思考可以带来多样化的创意和解决方案。

（二）常见的挑战：

1. 创新压力：在创造性思维中，可能会面临创新压力，即需要在有限的时间内产生创新的解决方案。这可能会对角色扮演者造成压力和困惑。

2. 创新抵触：有些人可能对创新抱有抵触情绪，害怕改变或担心风险。这可能会限制创造性思维的发展和应用。

3. 习惯性思维：人们往往倾向于依赖习惯性思维模式，这可能会阻碍创新的产生。角色扮演者需要努力跳出常规思维，培养创造性思维的习惯。

4. 集体思维：在团队中，可能会出现集体思维的情况，即团队成员倾向于追随主流想法，而不愿意提出与众不同的观点。这可能会限制创新的发展。

为了克服这些挑战，角色扮演者可以通过培养创新意识和思维习惯，持续学习和实践创造性技巧和方法，鼓励开放和多元的思考，并与团队成员共享和讨论创新的想法和解决方案。

（三）鼓励和支持

在绿色思考帽的应用中，鼓励和支持团队成员是优化其效果的重要方面。以下是关于鼓励和支持的一些方面，以帮助绿色思考帽扮演更有效的角色：

1. 创造安全环境：为了鼓励团队成员敢于提出新的想法和尝试创新的解决方案，绿色思考帽需要创造一个安全、包容的环境。团队成员应该感到他们的创意和观点受到尊重，不会受到批评或嘲笑。这样的环境可以激发团队成员的创造力和创新潜力。

2. 提供正面反馈：当团队成员提出新的想法和创新解决方案时，绿色思考帽应该给予积极的反馈和鼓励。这可以增强团队成员的自信心和动力，进一步激发他们的创造性思维。正面的反馈包括赞扬、认可和鼓励，以及对方案的建设性评价和提供进一步的支持。

3. 提供资源和支持：绿色思考帽应该为团队成员提供必要的资源和支持，以帮助他们实现创意和创新的解决方案，这可以包括提供资金、技术支持、培训等。通过提供合适的资源和支持，绿色思考帽可以帮助团队成员将创意转化为实际行动，推动创新的实现。

4. 鼓励多样性和合作：绿色思考帽应该鼓励团队成员的多样性和合作。多样性可以促进不同观点和思维方式的交流和碰撞，从而产生更多的创意和创新。合作可以帮助团队成员借鉴和补充彼此的想法，形成更全面和创新的解决方案。

5. 激发激情和兴趣：绿色思考帽应该激发团队成员的激情和兴趣，使他们对问题解决和创新充满热情。通过激发团队成员的激情和兴趣，绿色思考帽可以提高团队成员的投入和创造力，推动创新的发展。

总之，鼓励和支持是优化绿色思考帽效果的重要因素。通过创造安全环境、提供正面反馈、提供资源和支持、鼓励多样性和合作，以及激发激情和兴趣，绿色思考帽可以帮助团队成员充分发挥创造力和创新潜力，实现创意和创新的目标。

通过了解绿色思考帽的定义、角色和职责，以及应用场景和优化方式，团队成员可以更好地理解并应用绿色思考帽的思考方法，促进创造性思维和创新的发展，为问题解决、设计和创业等领域提供有益的贡献。

思考题

1. 在团队合作中，如何运用绿色思考帽的角色来激发团队成员的创造力和创新思维，推动团队在解决问题和创新方面取得更好的成果？
2. 在产品设计过程中，如何运用绿色思考帽的角色来引导团队成员产生创新的想法和设计，提升产品的用户体验和竞争力？
3. 在创业和市场推广过程中，如何运用绿色思考帽的角色来发展创新的商业模式和营销策略，推动团队在竞争激烈的市场中取得成功？

2.6 蓝色思考帽（逻辑推理）

一、定义和意义

蓝色思考帽是六项思考帽方法中的一种角色，代表着逻辑性和组织性的思考。蓝色思考帽的主要作用是关注思考过程的组织和控制，通过逻辑推理和分析来提供有序和结构化的观点和见解。以下是对蓝色思考帽的定义和意义的进一步解释：

1. 逻辑性思考：蓝色思考帽代表着逻辑性思维。在进行思考和问题解决过程中，蓝色思考帽强调使用逻辑推理和分析的方式，以确保观点和结论的合理性和一致性。它帮助团队成员避免错误的推论和伪逻辑，从而提供可靠的思考基础。

2. 组织性思考：蓝色思考帽关注思考过程的组织和控制。它帮助团队成员规划思考的步骤和顺序，并确保每个步骤都得到适当的关注和评估。蓝色思考帽能够提供整体的思维框架和结构，使团队成员能够有条不紊地进行思考，并确保思考过程的连贯性和目标的实现。

3. 有序和结构化观点：蓝色思考帽能够提供有序和结构化的观点和见解。它鼓励团队成员将想法和信息进行分类和整理，以便更清晰地表达和交流。蓝色思考帽通过逻辑推理的方式，帮助团队成员将信息和观点进行有条理的组织，从而得出清晰和有力的结论。

4. 思考过程的控制和管理：蓝色思考帽关注思考过程的控制和管理。它帮助团队成员制定思考的目标和计划，并确保团队遵循适当的思考规则和方法。蓝色思考帽能够提供思考过程的指导和监督，确保团队成员遵循逻辑性思考的原则和方法。

总之，蓝色思考帽关注思考过程的组织和控制，通过逻辑推理和分析来提供有序和结构化的观点和见解。蓝色思考帽在思考和问题解决过程中起着重要的作用，帮助团队成员进行合理和有条理的思考，从而更有效地达到思考的目标。

二、角色和职责

（一）角色描述

蓝色思考帽在六项思考帽方法中扮演着重要角色，主要负责逻辑推理和思考过程的组织和控制。以下是蓝色思考帽的角色描述和职责：

1. 逻辑推理：作为蓝色思考帽的角色扮演者，你应该以逻辑和分析的态度来思考问题。你需要运用逻辑推理的方法，通过对事实和信息进行分析和推导，得出合理和可靠的结论。你的思考应该基于逻辑和证据，避免伪逻辑和不合理的推论。

2. 思考过程的组织和控制：蓝色思考帽的角色扮演者需要关注思考过程的组织和控制。你应该制定思考的步骤和计划，并确保每个步骤都得到适当的关注和评估。你需要确保思考过程的连贯性和目标的实现，为团队成员提供整体的思维框架和结构。

3. 提供基于逻辑推理的观点：作为蓝色思考帽的角色扮演者，你的职责是提供基于逻辑推理的观点和见解。你应该帮助团队成员将想法和信息进行分类和整理，以便更清晰地表达和交流。你的观点应该基于逻辑推理的过程，经过合理和有条理的组织，从而得出清晰和有力的结论。

4. 监督和管理思考过程：作为蓝色思考帽的角色扮演者，你需要监督和管理思考过程。你应该确保团队成员遵循适当的思考规则和方法，遵循逻辑性思考的原则。你需要提供思考过程的指导和监督，确保团队成员的思考具有逻辑性和合理性。

◆ 你的会议存在哪些问题
- 参与度不高
- 超时
- 争吵
- 没有焦点

◆ 有效组织会议
- 指定一个会议记录人和计时人
- 在明显的地方张贴关注点
- 合理分配每种思考帽的时间
- 鼓励具有建设性的思考
- 总结并计划下面的步骤

总之，作为蓝色思考帽的角色扮演者，你的职责是以逻辑和分析的态度来思考问题，并提供基于逻辑推理的观点。你需要关注思考过程的组织和控制，为团队成员提供整体的思维框架和结构。同时，你需要监督和管理思考过程，确保团队成员的思考具有逻辑性和合理性。通过扮演蓝色思考帽的角色，你可以在团队中提供有序和结构化的思考，促进有效的问题解决和决策过程。

（二）思维组织和控制

蓝色思考帽在六项思考帽方法中的角色是负责思维组织和控制。以下是关于蓝色思考帽角色和职责的进一步解释：

1. 思维组织和控制：作为蓝色思考帽的角色扮演者，你的主要职责是组织和控制思考过程。你需要确保思考的逻辑性和一致性，使思考过程更有条理和清晰。你可以提供整体的思维框架和结构，帮助团队成员在思考和问题解决中遵循适当的思考规则和方法。

2. 确保思考的逻辑性和一致性：蓝色思考帽的角色是确保思考过程具有逻辑性和一致性的。你需要运用逻辑推理和分析的方法，确保团队成员的观点和结论是合理和可靠的。你可以帮助团队成员避免伪逻辑和错误的推论，通过逻辑的分析和推理来支持他们的观点和见解。

3. 提供整体的思维框架：作为蓝色思考帽的角色扮演者，你可以提供整体的思维框架，帮助团队成员更好地组织和理解他们的思考。你可以将问题和信息进行分类和整理，为团队成员提供清晰的思考路径和结构。通过提供整体的思维框架，你可以帮助团队成员更好地理解和表达他们的观点，并促进有效的交流和讨论。

总之，作为蓝色思考帽的角色扮演者，你的职责是组织思考过程，确保思考的逻辑性和一致性，并提供整体的思维框架。你需要运用逻辑推理和分析的方法，帮助团队成员遵循适当的思考规则和方法，使他们的观点和结论更加合理和可靠。通过扮演蓝色思考帽的角色，你可以在团队中提供思维组织和控制，促进有效的问题解决和决策过程。

三、应用场景

（一）决策制定

蓝色思考帽在决策制定的应用场景中发挥着重要的作用。在决策制定过程中，蓝色思考帽的角色能够提供逻辑推理和分析的观点，帮助团队做出有理有据的决策。蓝色思考帽关注思考过程的组织和控制，通过逻辑推理和分析来提供有序和结构化的观点和见解。

在决策制定过程中，蓝色思考帽的角色扮演者应该：

1. 收集和分析相关信息：蓝色思考帽需要帮助团队收集和分析与决策相关的信息。这包括收集各种数据、事实、意见和观点，通过逻辑分析和推理，对这些信息进行评估和整理。

2. 进行逻辑推理：蓝色思考帽需要应用逻辑推理的方法，对收集到的信息进行分析和推断。通过运用逻辑和推理，蓝色思考帽可以帮助团队成员理清思路，发现信息之间的关联和逻辑关系。

3. 提供有序和结构化的观点：蓝色思考帽的角色扮演者可以帮助团队成员整理和组织他们的观点和见解。通过逻辑推理和分析，蓝色思考帽可以提供有序和结构化的观点，以支持团队对不同决策选项的评估和比较。

4. 辅助决策评估：蓝色思考帽可以帮助团队对不同决策选项进行评估和比较。通过逻辑推理和分析，蓝色思考帽可以帮助团队辨别选项之间的优劣势，评估其风险和潜在影响，提供有理有据的决策建议。

总之，蓝色思考帽在决策制定的应用场景中能够提供逻辑推理和分析的观点，帮助团队做出有理有据的决策。通过收集和分析相关信息、进行逻辑推理、提供有序和结构化的观点、辅助决策评估，蓝色思考帽的角色扮演者可以为团队提供决策制定过程中的逻辑性和组织性思考支持。

（二）问题解决和规划

蓝色思考帽在问题解决和规划的应用场景中发挥着重要的作用。在问题解决和规划的过程中，蓝色思考帽能够提供逻辑性的思考和组织思维，帮助团队分析问题和制定解决方案。蓝色思考帽关注思考过程的组织和控制，通过逻辑推理和分析来提供有序和结构化的观点和见解。

在问题解决和规划的过程中，蓝色思考帽的角色扮演者应该：

1. 分析问题：蓝色思考帽需要帮助团队分析问题的本质和原因。通过逻辑推理和分析，蓝色思考帽可以帮助团队深入理解问题，并找出问题的关键要素和影响因素。

2. 制定解决方案：蓝色思考帽需要协助团队制定解决问题的合理和可行的方案。通过逻辑推理和分析，蓝色思考帽可以帮助团队成员理清思路，整合各种观点和信息，并提供有序和结构化的解决方案。

3. 规划实施过程：蓝色思考帽需要协助团队规划解决方案的实施过程。通过逻辑推理和分析，蓝色思考帽可以帮助团队成员制定实施的步骤和计划，并确保每个步骤都得到适当的关注和评估。

4. 监督和控制实施过程：蓝色思考帽需要监督和控制解决方案的实施过程。通过逻辑思维和组织思维，蓝色思考帽可以帮助团队成员遵循适当的规则和方法，确保实施过程的顺利进行，并在需要时进行调整和优化。

总之，蓝色思考帽在问题解决和规划的应用场景中能够提供逻辑性的思考和组织思维，帮助团队分析问题和制定解决方案。通过分析问题、制定解决方案、规划实施过程以及监督和控制实施过程，蓝色思考帽的角色扮演者可以为团队提供逻辑性和组织性思考支持，促进问题的解决和规划的实施。

（三）项目管理和执行

蓝色思考帽在项目管理和执行的应用场景中发挥着重要的作用。项目管理和执行：

在项目管理和执行过程中，蓝色思考帽可以提供逻辑和结构化的思考，帮助团队控制和管理项目的进展。蓝色思考帽关注思考过程的组织和控制，通过逻辑推理和分析来提供有序和结构化的观点和见解。

在项目管理和执行的过程中，蓝色思考帽的角色扮演者应该：

1. 规划项目：蓝色思考帽需要协助团队规划项目的执行过程。通过逻辑思维和组织思维，蓝色思考帽可以帮助团队成员制定项目的目标、范围、计划和资源分配等，确保项目的顺利进行。

2. 控制项目进展：蓝色思考帽需要监督和控制项目的进展。通过逻辑推理和分析，蓝色思考帽可以帮助团队成员评估项目的进展情况，确保项目按照计划进行，并在需要时进行调整和优化。

3. 分析和解决问题：蓝色思考帽需要帮助团队分析和解决项目中的问题。通过逻辑推理和分析，蓝色思考帽可以帮助团队成员识别和分析项目中的障碍和风险，并提供有序和结构化的解决方案。

4. 监督质量和风险：蓝色思考帽需要监督项目的质量和风险管理。通过逻辑性思考和组织性思考，蓝色思考帽可以帮助团队成员确保项目达到预期的质量标准，并有效地管理和应对风险。

总之，蓝色思考帽在项目管理和执行的应用场景中可以提供逻辑和结构化的思考，帮助团队控制和管理项目的进展。通过规划项目、控制项目进展、分析和解决问题，以及监督质量和风险，蓝色思考帽的角色扮演者可以为团队提供逻辑性和组织性思考支持，促进项目的成功实施。

四、优化和挑战

（一）逻辑推理技巧

蓝色思考帽在发挥其作用时，可以借助逻辑推理的技巧来增强其效果。以下是一些常见的逻辑推理技巧，可以帮助角色扮演者更好地应用蓝色思考帽：

1. 演绎推理：演绎推理是从一般性的前提出发，通过逻辑规则得出特殊情况下的结论。角色扮演者可以运用演绎推理来从已知的规则、原则或事实中推断出特定的结果或结论。

2. 归纳推理：归纳推理是从特殊的观察或实例中推断出一般性的结论。角色扮演者可以运用归纳推理来从已知的观察、案例或数据中总结出普遍规律或规则。

3. 演绎逻辑：演绎逻辑是运用逻辑规则和推理规则来推导出新的命题或判断。角色扮演者可以学习和应用演绎逻辑的规则，例如命题逻辑和谓词逻辑，来进行逻辑分析和推理。

4. 逻辑分析：逻辑分析是对问题、观点或论据进行逻辑推理和分析的过程。角色扮演者可以运用逻辑分析的技巧来识别和评估观点的逻辑结构和合理性，从而提供有序和结构化的思考和判断。

（二）常见的挑战

1. 复杂性：有些问题可能非常复杂，需要较高水平的逻辑推理和分析能力来应对。角色扮演者需要具备足够的逻辑思维能力，以解决复杂问题。

2. 信息不完整：在某些情况下，角色扮演者可能面临信息不完整或不准确的挑战，这可能会对逻辑推理和分析造成困扰。在这种情况下，角色扮演者需要运用逻辑推理的技巧来填补信息的空缺或纠正错误。

3. 个人偏见：个人偏见可能会影响逻辑推理的客观性和准确性。角色扮演者需要意识到个人偏见的存在，并努力避免其对逻辑推理的干扰。

为了克服这些挑战，角色扮演者可以通过学习和应用逻辑推理的技巧，不断提升自己的逻辑思维能力。同时，保持开放的思维态度和客观分析，不受个人偏见的影响，有助于更好地发挥蓝色思考帽的作用。

（三）灵活性和创新

蓝色思考帽在发挥其作用时，可以在逻辑推理的基础上保持灵活性。蓝色思考帽应该在逻辑推理的基础上保持灵活性，并鼓励团队成员提出创新和新颖的观点。虽然逻辑推理强调合理和合乎逻辑的思考，但蓝色思考帽的角色扮演者需要认识到创新和灵活性对于问题解决和决策制定的重要性。

在保持逻辑性的前提下，蓝色思考帽的角色扮演者可以通过以下方式提高灵活性，并鼓励创新：

1. 挑战常规思维：鼓励团队成员挑战常规思维模式，寻找新颖和不同寻常的观点。通过提出非传统的想法，团队可以发现新的解决方案和创新的机会。

2. 创造性的思维方法：鼓励团队成员运用创造性的思维方法，如头脑风暴、关联思维、侧重于细节等，以激发创新和新颖观点的产生。这些方法能够帮助团队成员跳出常规思维，拓展思路。

3. 多元化的视角：鼓励团队成员从不同的视角和角度思考问题，包括不同的利益相关者、文化背景和专业背景等。多元化的视角可以带来更广泛和全面的观点，促进创新的产生。

4. 鼓励实验和学习：鼓励团队成员进行实验和学习，尝试新的方法和观点。通过试错和学习的过程，团队成员可以积累经验和知识，不断提高自己的创新能力。

尽管蓝色思考帽强调逻辑推理和组织思维，但保持灵活性和鼓励创新是优化蓝色思考帽角色的重要方面。通过挑战常规思维、运用创造性的思维方法、多元化的视角和鼓励实验和学习，蓝色思考帽的角色扮演者可以在逻辑推理的基础上提高灵活性，促进创新和新颖观点的产生。

思考题

1. 在问题解决和决策制定过程中，如何运用蓝色思考帽的角色来提供逻辑推理和组织思维的支持，帮助团队做出合理和有序的决策？

2. 在项目管理和执行过程中，如何运用蓝色思考帽的角色来控制和管理项目的进展，确保项目按计划进行，并有效应对问题和风险？

3. 在决策制定和规划过程中，如何运用蓝色思考帽的角色来分析问题和制定解决方案，提供有序和结构化的思考支持，促进问题的解决和规划的实施？

单元三　六顶思考帽方法面对的未来趋势与挑战

学习目标

1. 理解并认识未来面临的挑战，如技术变革、复杂性和不确定性等，并能够思考如何应对这些挑战。

2. 学会培养创新思维，以应对未来的变化和挑战；了解创新思维的重要性，并掌握一些培养创新思维的方法和技巧。

3. 理解六顶思考帽方法的持续发展和改进的重要性，并学习如何通过反馈和学习、持续培训和教育、结合新兴趋势和技术以及鼓励创新和实践等方式来不断改进和发展六顶思考帽方法。

3.1　如何应对未来的挑战

一、适应技术变革

（一）探索新技术应用

当涉及六顶思考帽方法如何应对未来的挑战时，适应技术变革有以下几个方面的举措。

1. 探索新技术应用：六顶思考帽方法可以帮助人们探索如何应用新技术。例如，人工智能、大数据分析和虚拟现实等新技术正在不断发展和应用。通过运用六顶思考帽方法，人们可以从不同的角度思考和评估这些新技术的潜在影响，了解其优点和缺点，并找到合适的方式来应用和利用这些技术，以提升思考效果和决策能力。

2. 创造性思考：六顶思考帽方法鼓励人们进行创造性思考。面对技术变革，人们需要超越传统思维模式，勇于尝试新的思考方式。通过运用六顶思考帽方法，人们可以从不同的角度思考问题，包括技术的影响、可行性、道德和伦理等方面。这样可以帮助人们更全面地理解和评估新技术，从而做出更好的决策。

3. 团队合作：六项思考帽方法可以促进团队的合作和协作。在面对技术变革时，团队合作是至关重要的。通过运用六项思考帽方法，团队成员可以分别扮演不同的角色，从不同的角度思考和讨论问题。这样可以充分利用团队的多元智慧，从而更好地应对技术变革带来的挑战。

4. 反思和调整：六项思考帽方法可以帮助人们反思和调整自己的思维方式。在技术变革中，人们可能会面临新的挑战和不确定性。通过运用六项思考帽方法，人们可以不断反思自己的思维方式，并及时调整和优化。这样可以帮助人们更好地适应技术变革，保持灵活性和创新性。

综上所述，六项思考帽方法可以帮助人们适应技术变革。通过探索新技术应用、创造性思考、团队合作和反思调整，人们可以更好地应对未来的挑战，并取得更好的成果。

（二）整合数字工具

当涉及六项思考帽方法如何应对未来的挑战时，适应技术变革，整合数字工具是一个重要的方面。通过结合数字工具和在线平台，可以使六项思考帽方法更加灵活和便捷，促进远程协作和实时反馈。以下是一些具体的应用方式：

1. 在线会议和协作平台：利用在线会议和协作平台，团队成员可以远程参与六项思考帽方法的讨论和决策过程。通过视频会议、实时聊天和文件共享等功能，可以实现远程协作和即时交流，不受地域限制。这样可以方便团队成员的参与，并加快决策的速度。

2. 数字化思维导图工具：思维导图是一种有效的工具，可以帮助整理和组织思维。结合数字化思维导图工具，可以更方便地创建和分享思维导图，使六项思考帽方法的应用更加灵活和可视化。团队成员可以通过在线平台共同编辑思维导图，实时查看和修改，提供即时反馈和意见。

3. 在线投票和调查工具：在进行六项思考帽方法的讨论和决策时，往往需要进行投票和调查，以了解团队成员的意见和偏好。通过在线投票和调查工具，可以方便地进行匿名投票和意见收集。这样可以提高团队成员的参与度，减少时间成本，并更好地收集和分析数据。

4. 数据分析工具：在应对技术变革时，数据分析是一项重要的能力。通过结合数据分析工具，可以更好地理解和评估技术变革的潜在影响和趋势。团队成员可以利用数据分析工具收集、清洗和分析数据，为六项思考帽方法的应用提供更有力的支持。

通过整合数字工具，六项思考帽方法可以更好地应对未来的挑战。数字工具的应用可以使方法更加灵活和便捷，促进远程协作和实时反馈。团队成员可以更方便地参与讨论和决策过程，并利用数字工具的功能提高效率和效果。

二、培养创新思维

（一）强调创新和创造力

当涉及六项思考帽方法如何应对未来的挑战时，培养创新思维是一个重要的方面。

六项思考帽方法可以通过强调创新和创造力，特别是通过绿色思考帽的角色来激发和推动创新。以下是一些具体的方法：

1. 强调创新意识：在应对未来的挑战时，培养创新意识是至关重要的。六项思考帽方法可以通过引导团队成员思考创新的可能性和价值，激发创新的动力。绿色思考帽的角色特别适合用来探索创新思路、发现新的解决方案和推动创新项目。

2. 提供创新工具和方法：六项思考帽方法可以提供一系列创新工具和方法，帮助团队成员培养创新思维。例如，通过开展头脑风暴会议、使用创新框架和思维导图等，可以激发和引导创新思维的发展。这些工具和方法可以帮助团队成员从不同的角度思考问题，突破传统思维模式，寻找创新的解决方案。

3. 营造积极的创新环境：六项思考帽方法强调团队合作和共同思考。为了培养创新思维，可以营造一个积极的创新环境，鼓励团队成员分享和交流创新想法。通过鼓励冒险和试错、提供支持和鼓励的反馈，可以激发创新思维的发展。

4. 跨学科思考：未来的挑战往往是复杂和跨学科的。六项思考帽方法鼓励团队成员从不同的学科和领域汲取灵感和知识，进行跨学科思考。将不同学科的思维方法和概念结合起来，可以产生创新的见解和解决方案。

通过强调创新和创造力，特别是通过绿色思考帽的角色来激发和推动创新，六项思考帽方法可以帮助团队应对未来的挑战。培养创新思维可以帮助团队成员突破传统思维模式，发现新的解决方案，并在面对未来的不确定性中保持灵活性和创造力。

（二）教育和培训

当涉及六项思考帽方法如何应对未来的挑战时，培养创新思维的一个重要途径就是将六项思考帽方法纳入教育和培训中，以培养学生和员工的创新能力和创造性思维。以下是一些具体的方式：

1. 教育课程中的应用：将六项思考帽方法纳入教育课程中，例如创新教育、问题解决和决策课程等。通过在课堂上引导学生运用六项思考帽方法，可以帮助他们培养创新思维和思考问题的多元角度。学生可以学习如何从不同的角度思考问题，如何运用不同的思维模式来解决问题，并如何进行团队合作和协作。

2. 培训和工作坊：为员工提供六项思考帽方法的培训和工作坊，帮助他们掌握和应用这一方法。培训和工作坊可以包括理论介绍、案例分析和实践演练等，通过实际操作和体验，加深对六项思考帽方法的理解和应用能力。员工可以学习如何运用六项思考帽方法来解决问题、促进创新和改进决策质量。

3. 创新项目和实践机会：为学生和员工提供创新项目和实践机会，让他们在实际问题中应用六项思考帽方法。通过参与创新项目和实践，学生和员工可以将六项思考帽方法应用于实际情境中，锻炼创新思维和解决问题的能力。这样可以帮助他们更好地理解和应用六项思考帽方法，并培养创新思维的实践能力。

4. 激励和奖励机制：为学生和员工设立激励和奖励机制，鼓励他们运用六项思考帽方法进行创新和解决问题。激励和奖励可以促使学生和员工更主动地运用六项思考帽方法，并推动创新思维的发展。

模块四　六顶思考帽方法及其应用

将六项思考帽方法纳入教育和培训中，可以帮助学生和员工培养创新能力和创造性思维。学生和员工可以学习和应用六项思考帽方法，从而更好地思考和解决问题，促进创新和改进决策质量，这样可以为未来的挑战提供更有力的应对能力。

三、管理复杂性和不确定性

（一）强调系统思维

当涉及六项思考帽方法如何应对未来的挑战时，管理复杂性和不确定性是一个重要的方面。六项思考帽方法可以通过强调系统思维，特别是通过蓝色思考帽的角色来进行系统思考和规划，帮助管理复杂性和不确定性。以下是一些具体的方法：

1. 系统思维的应用：六项思考帽方法强调从系统的角度思考问题，考虑问题的整体和相互关系。蓝色思考帽的角色特别适合用来进行系统思考和规划，帮助管理复杂性和不确定性。通过运用蓝色思考帽，可以帮助团队成员识别和理解问题的关键因素、相互影响和潜在的系统性风险。

2. 探索多种可能性：面对未来的挑战，往往伴随着复杂性和不确定性。六项思考帽方法鼓励团队成员探索多种可能性和解决方案。通过运用六项思考帽方法，特别是蓝色思考帽，可以帮助团队成员思考和评估不同的路径和决策，以应对复杂性和不确定性带来的挑战。

3. 风险评估和管理：面对未来的挑战，风险评估和管理是关键的一环。六项思考帽方法可以帮助团队成员识别和评估潜在的风险和不确定性。通过蓝色思考帽的角色，团队成员可以运用系统思维的方式，综合考虑不同的因素和可能性，制定风险管理策略和应对措施。

4. 团队合作和共享信息：在管理复杂性和不确定性时，团队合作和共享信息是至关重要的。六项思考帽方法强调团队合作和共同思考。通过运用六项思考帽方法，团队成员可以分别扮演不同的角色，从不同的角度思考和评估问题。这样可以促进团队成员之间的交流和合作，共享信息和意见，共同应对复杂性和不确定性。

通过强调系统思维，特别是通过蓝色思考帽的角色来进行系统思考和规划，六项思考帽方法可以帮助管理复杂性和不确定性。团队成员可以从系统的角度思考问题，探索多种可能性和解决方案，评估风险并制定应对措施。团队合作和共享信息可以提高团队的协同能力，并更好地应对未来的挑战。

（二）敏捷决策和灵活性

当涉及六项思考帽方法如何应对未来的挑战时，管理复杂性和不确定性，敏捷决策和灵活性是一个重要的方面。六项思考帽方法可以通过快速迭代和灵活的思考方式来促进敏捷决策和灵活性。以下是一些具体的方法：

1. 快速迭代和试错：面对未来的挑战，复杂性和不确定性往往需要快速迭代和试错的方法来应对。六项思考帽方法鼓励团队成员尝试不同的解决方案，并根据反馈进行调整和改进。通过迭代和试错，团队可以更快地学习和适应新的情况，做出更敏捷的决策。

2. 灵活性和适应性：六项思考帽方法强调从不同的角度思考问题，允许灵活性和适应性的思考方式。团队成员可以根据情况的变化，灵活地切换不同的思考角色，并对问题进行动态的评估和决策。这种灵活性和适应性的思考方式可以帮助团队更好地应对复杂性和不确定性带来的挑战。

3. 彼此倾听和共享：在面对复杂性和不确定性时，团队成员之间的沟通和共享信息非常重要。六项思考帽方法鼓励团队成员之间倾听和共享。通过共同思考和讨论，团队成员可以汇集不同的观点和经验，共同解决问题，并做出更明智的决策。

4. 持续学习和改进：面对未来的挑战，持续学习和改进是必不可少的。六项思考帽方法强调团队成员的学习和成长。通过反思和总结经验，团队成员可以不断改进自己的思考和决策能力，提高敏捷性和灵活性。

> □ 当好蓝帽子 Be a good blue hat
> □ 表露红帽子 Tell your red hat
> □ 穷尽白帽子 Empty white hat
> □ 学会黄帽子 Learn to use yellow hat
> □ 善用黑帽子 Cautious with black hat
> □ 戴好绿帽子 Enrich green hat

通过促进敏捷决策和灵活性，六项思考帽方法可以帮助团队更好地管理复杂性和不确定性。快速迭代和试错、灵活性和适应性的思考方式、彼此倾听和共享以及持续学习和改进，都是在应对未来的挑战时非常有效的方法。这样可以帮助团队更好地适应变化，做出敏捷的决策，并取得更好的结果。

思考题

1. 在面对技术变革时，如何运用六项思考帽方法来探索新技术的应用，并促进创新思维和团队合作？

2. 如何运用六项思考帽方法中的绿色和蓝色思考帽角色，培养创新思维和系统思维，以应对未来的复杂性和不确定性挑战？

3. 在面对未来的挑战时，如何运用六项思考帽方法来促进敏捷决策和灵活性，以应对快速变化和具有不确定性的环境？

3.2 如何持续发展和改进六顶思考帽方法

一、反馈和学习

（一）收集用户反馈

要持续发展和改进六顶思考帽方法，收集用户反馈是至关重要的。通过定期收集用户对六顶思考帽方法的反馈和意见，我们可以了解其使用体验和效果，从而进行相应的改进和优化。以下是具体的方法：

1. 调查问卷和反馈表：设计调查问卷或反馈表，向用户收集对六顶思考帽方法的反馈。可以包括对方法的易用性、实用性、效果等方面的评价。通过定期发送问卷或反馈表，我们可以了解用户对方法的看法和建议，发现潜在的问题和改进点。

2. 用户访谈和焦点小组讨论：与用户进行面对面的访谈或组织焦点小组讨论，深入了解他们的使用体验和观点。通过与用户的互动，我们可以收集更具体和深入的反馈，了解他们对方法的优点、局限性和改进建议。

3. 在线社区和反馈渠道：建立在线社区或反馈渠道，让用户可以随时提供反馈和意见。这样可以促进用户之间的交流和分享，收集更多的意见和建议。同时，我们可以通过及时回复用户的反馈，展示对用户意见的重视和改进的努力。

4. 与专业人士合作：与专业人士、学者或从业者合作，邀请他们对六顶思考帽方法进行评估和反馈。他们可以提供专业的观点和建议，帮助改进和优化方法，定期组织专家讨论会或研讨会，分享最新的发现和改进措施。

通过收集用户反馈，我们可以了解用户对六顶思考帽方法的体验和效果，发现潜在的问题和改进点。根据用户的反馈和意见，持续改进和优化方法，以更好地满足用户的需求和期望。这样可以不断提升六顶思考帽方法的质量和有效性，为用户提供更好的使用体验和帮助。

（二）学习和改进

要持续发展和改进六顶思考帽方法，学习和改进是一个关键的步骤。根据用户反馈和评估结果，我们能够识别改进的机会，并进行学习和改进，以提升方法的质量和效能。以下是具体的方法：

1. 分析用户反馈和评估结果：仔细分析用户的反馈和评估结果，了解用户的需求、关注点和问题，识别反馈中的共性问题和改进点，找出其中的关键问题和关键需求。

2. 设计改进计划和目标：根据分析结果，制定改进计划和目标，明确要解决的问题和改进的方向，设定具体的目标和时间表，确保改进计划与六顶思考帽方法的核心原则和目标保持一致。

3. 学习和研究最佳实践：学习和研究与六顶思考帽方法相关的最佳实践和领域内的最新研究，了解其他团队和组织在应用六顶思考帽方法方面的成功经验和教训，借鉴他们的经验和教训，为改进六顶思考帽方法提供参考和灵感。

4. 实施改进措施：根据改进计划，实施具体的改进措施。这可能包括更新方法的指导和教材、优化工具和资源、改进培训和支持等方面，确保改进措施的实施过程中有足够的沟通和培训，以便用户能够理解和适应改进后的方法。

5. 监测和评估改进效果：持续监测和评估改进措施的效果和影响。收集用户的反馈和评估结果，了解改进措施的有效性和用户满意度，根据评估结果进行必要的调整和改进，以不断提高方法的质量和效能。

通过持续学习和改进，根据用户反馈和评估结果识别改进的机会，可以不断提升六顶思考帽方法的质量和效能。这样可以更好地满足用户的需求，提供更有价值的帮助和支持。持续的学习和改进过程使六顶思考帽方法能够跟上时代的变化和用户的需求，保持其应对未来挑战的有效性。

二、持续培训和教育

（一）提供培训和教育

要持续发展和改进六顶思考帽方法，持续培训和教育是至关重要的。提供持续的培训和教育机会，可以加强使用者对六顶思考帽方法的理解和应用能力。以下是具体的方法：

1. 定期培训课程：定期组织六顶思考帽方法的培训课程，为使用者提供系统的学习和训练机会。培训课程可以包括理论知识的讲解、案例分析、实践演练等，帮助使用者深入理解和掌握方法的核心概念和应用技巧。

2. 在线学习资源：提供在线学习资源，如教学视频、学习手册、案例库等。使用者可以根据自己的学习需求和时间安排，自主学习六顶思考帽方法的知识和技能。在线学习资源可以提供随时随地的学习机会，方便使用者根据自己的节奏进行学习。

3. 培训工作坊和研讨会：定期组织培训工作坊和研讨会，为使用者提供实践和交流的机会。在工作坊和研讨会中，使用者可以与其他参与者一起进行实践演练、案例讨论和经验分享，加强对六顶思考帽方法的理解和应用能力。

4. 培训认证和持续教育：设立培训认证和持续教育机制，鼓励使用者参与培训和继续学习。通过培训认证和持续教育的机制，可以促使使用者不断提升自己的六顶思考帽方法的知识和技能，保持对方法的持续学习和应用。

5. 用户支持和咨询：建立用户支持和咨询渠道，及时回应使用者的问题和需求。用户可以通过邮件、在线聊天或电话等方式咨询和寻求帮助。及时的用户支持和咨询可以提高使用者对六顶思考帽方法的满意度和应用效果。

提供持续的培训和教育机会，可以加强使用者对六顶思考帽方法的理解和应用能力。定期的培训课程、在线学习资源、培训工作坊和研讨会、培训认证和持续教育以及用户支持和咨询等措施，可以帮助使用者不断学习和提升自己的六项思考帽方法的知识和技能。这样可以更好地应对未来的挑战，并取得更好的决策和创新效果。

（二）促进实践和分享

要持续发展和改进六项思考帽方法，促进实践和分享是非常重要的，通过鼓励使用者在实践中分享经验和案例，相互学习和借鉴，共同推动方法的发展和改进。以下是具体的方法：

1. 创建社区平台：建立一个面向使用者的社区平台，如在线论坛、社交媒体群组等。在这个平台上，使用者可以分享自己的实践经验、案例研究和应用成果。其他使用者可以通过这个平台学习和借鉴他人的经验，共同探讨和解决问题。

2. 组织经验分享会和研讨会：定期组织经验分享会和研讨会，邀请使用者分享自己在六项思考帽方法应用中的经验和故事。这些活动可以促进使用者之间的互动和交流，激发创新思维和启发新的应用方式。

3. 案例库和最佳实践分享：建立一个案例库，收集和分享六项思考帽方法的应用案例和最佳实践。使用者可以从这些案例中学习，并借鉴其中的经验和教训，通过分享和推广最佳实践，可以促进方法的应用水平和效果的提升。

4. 导师和指导：设立导师和指导计划，为新手提供指导和支持。经验丰富的使用者可以担任导师的角色，与新手进行一对一或小组指导，分享自己的经验和知识，并帮助他们更好地应用六项思考帽方法。

5. 激励和奖励机制：建立激励和奖励机制，鼓励使用者积极参与实践和分享。例如，设立使用者贡献奖，表彰在实践和分享中做出杰出贡献的使用者。这样可以激励使用者积极参与共享和学习，推动方法的发展和改进。

通过促进实践和分享，使用者可以相互学习和借鉴，共同推动六项思考帽方法的发展和改进。创建社区平台、组织经验分享会和研讨会、建立案例库和最佳实践分享、设立导师和指导计划以及建立激励和奖励机制等措施，可以促进使用者之间的交流和合作，共同提升方法的应用水平和效果。这样可以不断优化和改进六项思考帽方法，使其更符合使用者的需求，并更好地应对未来的挑战。

三、结合新兴趋势和技术

（一）关注新兴趋势

要持续发展和改进六项思考帽方法，结合新兴趋势和技术是非常重要的。我们通过关注新兴趋势和领域发展，如人工智能、区块链、可持续性等，可以探索与六项思考帽方法的结合点，以进一步提升方法的适应性和效果。以下是具体的方法：

1. 研究新兴技术对方法的影响：持续关注新兴技术的发展，研究其对六项思考帽方法的影响。例如，人工智能和区块链等技术的出现可能会改变思考和决策的方式。通过研究和探索，可以了解这些新兴技术如何与六项思考帽方法相互作用，以及如何利用它们来提升方法的适应性和效果。

2. 借鉴新兴领域的最佳实践：关注新兴领域的最佳实践，了解其他领域如何应用和结合思考方法。例如，可持续发展领域注重系统思考和多元利益相关者的参与，这与六项思考帽方法的理念相契合。借鉴这些最佳实践，可以为六项思考帽方法的改进和应用提供新的思路和启示。

3. 创新思维工具和平台的结合：结合新兴趋势和技术，开发创新思维工具和平台，与六项思考帽方法相结合。例如，开发基于人工智能的辅助决策工具，可以为使用者提供更全面和准确的信息，促进更深入的思考和决策。

4. 跨学科合作和交流：与相关领域的专家和从业者进行跨学科合作和交流。通过与其他领域的专家分享和交流，可以了解他们对新兴趋势和技术的应用和理解。这样可以互相借鉴经验和知识，推动思考方法的创新和改进。

通过结合新兴趋势和技术，我们可以持续发展和改进六项思考帽方法。关注新兴技术的影响、借鉴新兴领域的最佳实践、创新思维工具和平台的结合以及跨学科合作和交流，都是推动方法发展的有效途径。这样可以使六项思考帽方法与时俱进，保持与新兴趋势和技术的契合，并更好地应对未来的挑战。

（二）整合新技术和工具

要持续发展和改进六项思考帽方法，结合新兴趋势和技术，整合新技术和工具是非常重要的。我们通过借助新技术和工具，如虚拟现实、协作平台和数据分析，可以提升六项思考帽方法的效率和效果。以下是具体的方法：

1. 虚拟现实技术的应用：利用虚拟现实技术，创造沉浸式的学习和实践环境。通过虚拟现实技术，使用者可以模拟真实场景，进行六项思考帽方法的训练和实践。这样可以增强使用者的参与感和体验，提高方法的吸引力和效果。

2. 协作平台和工具的整合：将六项思考帽方法与协作平台和工具相结合，促进团队合作和远程协作。通过使用在线协作平台和工具，团队成员可以共同参与六项思考帽方法的讨论和决策过程，实时分享信息和反馈意见。这样可以提高团队的协同效率和决策质量。

3. 数据分析和可视化工具的应用：运用数据分析和可视化工具，对六项思考帽方法的应用和效果进行评估和分析。通过收集和分析相关数据，可以了解方法的使用情况、效果和改进点。数据分析和可视化工具可以帮助使用者更好地理解和应用六项思考帽方法，以及发现改进和优化的方向。

4. 移动应用和在线资源的开发：开发移动应用和提供在线资源，使使用者能够随时随地学习和应用六项思考帽方法。移动应用可以提供便捷的学习和实践工具，在线资源可以提供丰富的知识和案例库。这样可以增加使用者的学习和应用便利性，提高方法的普及度和可用性。

通过整合新技术和工具，我们可以持续发展和改进六项思考帽方法。利用虚拟现实技术、协作平台和工具、数据分析和可视化工具以及移动应用和在线资源，可以提升方法的效率和效果，增强使用者的参与感和学习体验。这样可以使六项思考帽方法与新兴技术和工具相结合，更好地适应未来的挑战，并提供更具创新性和实用性的决策和问题解决方法。

四、鼓励创新和实践

（一）创新思维推动

要持续发展和改进六项思考帽方法，鼓励创新和实践是非常重要的。我们通过鼓励使用者运用绿色思考帽的角色，可以推动创新思维和创造性解决方案的探索和实践。以下是具体的方法：

1. 创新意识的培养：鼓励使用者培养创新意识，认识到创新是推动发展和改进的关键。强调创新的重要性，并提供实际案例和故事，激发使用者对创新的兴趣和热情。

2. 创新方法和工具的引导：为使用者提供创新方法和工具，帮助他们掌握创新思维和实践的技巧。例如，可以引导使用者进行头脑风暴、设计思维、故事演绎等创新方法的实践，以激发创新思维和探索新的解决方案。

3. 提供实践机会：为使用者提供实践机会，让他们能够运用六项思考帽方法进行实际问题的解决。可以组织案例竞赛、创新项目或创业实践，让使用者能够实践创新思维和应用六项思考帽方法，锻炼创新能力。

4. 鼓励多元化思维：鼓励使用者从不同的角度和领域寻找灵感和创新思路。提倡跨学科思考，鼓励使用者与不同背景的人合作和交流，以促进多元化的思维和创新。

5. 激励创新成果的分享和表彰：鼓励使用者分享他们的创新成果和实践经验，以激励其他人的创新思维和实践。可以设立创新奖项或组织创新展示活动，表彰和展示优秀的创新成果。

鼓励创新思维和实践，特别是通过绿色思考帽的角色，可以推动六项思考帽方法的持续发展和改进。培养创新意识，提供创新方法和工具，提供实践机会，鼓励多元化思维，以及激励创新成果的分享和表彰，都是促进创新和实践的有效途径。这样可以使六项思考帽方法更具创新性和实用性，为用户提供更好的决策和问题解决方法。

（二）实践案例分享

要持续发展和改进六项思考帽方法，鼓励创新和实践，实践案例分享是非常重要的。我们通过鼓励使用者分享六项思考帽方法的实践案例和成功经验，可以促进方法的不断演进和改进。以下是具体的方法：

1. 创建案例库和平台：建立一个案例库和在线平台，供使用者分享六项思考帽方法的实践案例和成功经验。这个平台可以包括用户故事、案例研究、应用场景等，以便其他使用者学习和借鉴。

2. 组织经验分享会和研讨会：定期组织经验分享会和研讨会，邀请使用者分享六项思考帽方法的实践案例和成功经验。这样可以促进不同使用者之间的交流和学习，互相启发和借鉴。

3. 提供分享平台和机会：为使用者提供分享平台和机会，鼓励他们主动分享自己的实践案例和成功经验，可以通过社交媒体、在线论坛、专业博客等渠道，让使用者分享和交流。

4. 激励和奖励机制：设立激励和奖励机制，鼓励使用者积极分享六项思考帽方法的实践案例和成功经验，可以设立用户贡献奖，表彰在实践案例分享中做出杰出贡献的使用者。这样可以激励使用者积极参与分享，推动方法的演进和改进。

5. 跨团队合作和合作研究：鼓励不同团队之间的合作和合作研究，共同探索和实践六项思考帽方法。通过跨团队的合作分享不同团队的实践案例和经验，促进方法的演进和改进。

通过鼓励实践案例分享，我们可以促进方法的不断演进和改进。创建案例库和平台、组织经验分享会和研讨会、提供分享平台和机会、设立激励和奖励机制，以及跨团队合作和合作研究，都是推动实践案例分享的有效途径。这样可以让使用者互相学习和借鉴，共同推动六项思考帽方法的发展和改进，提供更好的决策和问题解决方法。

思考题

1. 在持续发展和改进六项思考帽方法的过程中，如何收集用户反馈，并针对反馈中的问题和改进点进行相应的改进和优化？

2. 如何通过持续培训和教育，加强使用者对六项思考帽方法的理解和应用能力，以进一步提升方法的质量和效能？

3. 在结合新兴趋势和技术的过程中，如何利用新技术和工具，如虚拟现实、协作平台和数据分析，提升六项思考帽方法的效率和效果，并更好地应对未来的挑战？

参考文献

[1] 王家善，吴清一，周佳平. 设施规划与设计［M］. 北京：机械工业出版社，1995.

[2] 王子平，冯百侠，徐静珍. 资源论［M］. 石家庄：河北科学技术出版社，2001.

[3] 雅各布·戈登堡，大卫·马祖尔斯基. 产品创新中的创造力［M］. 梁文权，朱正茂，等译. 北京：机械工业出版社，2004.

[4] 卢明森. 创新思维学引论［M］. 北京：高等教育出版社，2005.

[5] 杨德林. 创意开发方法［M］. 北京：清华大学出版社，2006.

[6] 王传友，王国洪. 创新思维与创新技法［M］. 北京：人民交通出版社，2006.

[7] 尤里·萨拉马托夫. 怎样成为发明家：50小时学创造［M］. 王子羲，郭越红，高婷，等译. 北京：北京理工大学出版社，2006.

[8] 唐治英. 素材背囊：情感操守［M］. 重庆：重庆出版社，2006.

[9] 赵选民. 试验设计方法［M］. 北京：科学出版社，2006.

[10] 陆小彪，钱安明. 设计思维［M］. 合肥：合肥工业大学出版社，2006.

[11] 余伟. 创新能力培养与应用［M］. 北京：航空工业出版社，2008.

[12] 车阿大，杨明顺. 质量功能配置方法及应用［M］. 北京：电子工业出版社，2008.

[13] 张武城. 技术创新方法概论［M］. 北京：科学出版社，2009.

[14] 林岳，谭培波，史晓凌，等. 技术创新实施方法论（DAOV）［M］. 北京：中国科学技术出版社，2009.

[15] 王传友. TRIZ新编创新40法及技术矛盾与物理矛盾［M］. 西安：西北工业大学出版社，2010.

[16] 彼得·德鲁克. 创新与企业家精神［M］. 蔡文燕，译. 北京：机械工业出版社，2018.

[17] 马特·里德利. 创新的起源：一部科学技术进步史［M］. 王大鹏，张智慧，译. 北京：机械工业出版社，2021.

[18] Altshuller Genrieh. Creativity As An Exact Science［M］. New York：Gordon

And Breach, 1988.

[19] Savransky Semyon D. Engineering of Creativity: Introduction to TRIZ Methodology of Inventive Problem Solving [M]. Boca Raton: CRC Press, 2000.

[20] Altshuller Genrieh, Shulyak Lev, Rodman Steven. 40 Principles: TRIZ Keys to Technical Innovation [M]. Technical Innovation Ctr, 2002.

[21] Rantanen K, Domb E. Simplified TRIZ: New Problem Solving Applications for Engineers & Manufacturing Professionals [M]. Boca Raton: CRC St. Lucie Press, 2002.